我国城镇化进程与钢铁企业能耗趋势研究

Urbanization in China and Early Warning of Energy Consumption in Steel Enterprises

胡　睿　邵球军　著

中国财经出版传媒集团

经济科学出版社

Economic Science Press

图书在版编目（CIP）数据

我国城镇化进程与钢铁企业能耗趋势研究/胡睿，邵球军著.
—北京：经济科学出版社，2018.6
ISBN 978 – 7 – 5141 – 9270 – 4

Ⅰ.①我… Ⅱ.①胡…②邵… Ⅲ.①钢铁企业 – 节能减排 –
研究 – 中国 Ⅳ.①TF089

中国版本图书馆 CIP 数据核字（2018）第 091643 号

责任编辑：申先菊 王新宇
责任校对：郑淑艳
版式设计：齐 杰
责任印制：王世伟

我国城镇化进程与钢铁企业能耗趋势研究
胡 睿 邵球军 著
经济科学出版社出版、发行 新华书店经销
社址：北京市海淀区阜成路甲 28 号 邮编：100142
总编部电话：010 – 88191217 发行部电话：010 – 88191522
网址：www. esp. com. cn
电子邮件：esp@ esp. com. cn
天猫网店：经济科学出版社旗舰店
网址：http：//jjkxcbs. tmall. com
北京季蜂印刷有限公司印装
710×1000 16 开 12 印张 180000 字
2018 年 7 月第 1 版 2018 年 7 月第 1 次印刷
ISBN 978 – 7 – 5141 – 9270 – 4 定价：62.00 元
（图书出现印装问题，本社负责调换。电话：010 – 88191510）
（版权所有 侵权必究 举报电话：010 – 88191586
电子邮箱：dbts@ esp. com. cn）

节能减排是近年来很受关注的热点问题，也是钢铁企业等重工业企业发展过程中需要关注的重点。本书借助 BP（Back Propagation）神经网络和 Adaboost 框架算法的预测功能作为技术支持，利用 Matlab 矩阵实验室软件强大的编程计算功能和简单、易操作的神经网络工具箱作为操作平台，采集 2005—2014 年大型钢铁企业的吨钢综合能耗数据作为研究对象，预测了 15 家大型企业 2018—2023 年的能耗，实现了根据预测结果进行相对警级划分并针对不同警级给出相应整改建议的目的。

本书主要从节能减排的意义、预警的重要作用、粗钢产量的预测、BP 神经网络的基本工作原理、Adaboost 算法的基本思想、本案例的实验数据处理、BP 算法弱预测器的参数改进、Adaboost 算法的强预测功能实现、预警系统的技术实现、预警结果分析及试验中的不足总结和未来可改进空间等几个方面进行了讨论。

实验结果显示以下内容。

第一，所有企业的能耗水平，总的趋势是逐年下降的，由 2018—2023 年平均能耗水平逐年降低，2023 年将降至一个较低的水平。

第二，能耗较高的企业与能耗较低的企业有较大的差距，表现为折线的尖峰和低谷的极差较大，这可能是技术、设备、规模等多方面的原因。

第三，随着时间的推移，各企业之间的差距在逐渐缩小，趋近一致，波动幅度每一年都比上一年更小，趋向更平缓。

第四，能耗水平下降的速率在逐年降低。也就是说"十二五"初期钢铁能耗下降的空间较大，后期随着时间的推移下降空间逐渐减小。

本书讨论的算法和实证研究都取得了成功，但是实验的主要不足之处在于数据量较小，只有 15 家企业的有效数据；神经网络随机性较大，可靠性不足；算法对外界变量不够敏感，不能囊括诸如自然天气变化、国际形势变动、技术更新换代等因素。

本书由胡睿和邵球军合著。书中正文部分（引言至第八章）作者为胡睿，专题探讨部分（第九章）作者为邵球军。

作者

2018 年 4 月

目录

引　言

自 1995 — 2014 年的 20 年间，我国粗钢产量连年攀升。尤其是在 2000 年之后，粗钢产量更是快速增长，连续多年位于世界第一，2014 年粗钢产量是 2000 年的 6.4 倍。随着经济新常态的到来，国家开始推进供给侧结构改革，煤炭、钢铁等行业受到一定的冲击。2015 — 2016 年粗钢产量有所下降。

具体变化趋势如图 1 所示。

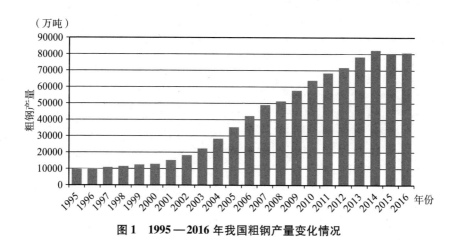

图 1　1995 — 2016 年我国粗钢产量变化情况

资料来源：《中国钢铁工业年鉴》；作者自绘。

伴随着产量的增长，钢铁行业的能耗问题受到了越来越多的关注。我国工业能源消费量占全球能源消费总量的约 70%。钢铁工业是典型的联合生产企业，属于高能耗、高排放的产业，是主要的涉碳行业，是全球温室气体的主要制造企业之一。从全球统计来看，钢铁工业排放的 CO_2 约占人类总排放的 5%，而在中国要占到 12% 以上。由于中国钢铁生产中铁钢比例高、电炉钢比例低及钢铁产业集中度低和冶金装备容量偏小等原因，使得钢铁工业 CO_2 排放量占全球钢铁工业 CO_2 总排放量的 51%，而欧盟为 12%、日本为 8%、俄罗斯为 7%、美国为 5%、其他国家为 17%。由这些数据可以看出，中国钢铁工业的排放总量远远高于其他国家。

同时，随着去产能和供给侧结构改革的推进，钢铁等传统工业逐步走向了精细化、集约化生产的道路，能源的管理与控制是整个行业提升竞争力、控制成本、实现可持续发展的核心工作。因此，钢铁行业的能耗预警受到越来越多的关注。

本书从钢铁行业的能耗入手，首先预测了未来一段时间的粗钢产量情况，之后结合历史数据的变化趋势和未来的预判对钢铁行业的能耗进行了预测。最终目的是勾画出我国钢铁行业的能耗变化线路图，给出能耗的预警阈值，进而提升整个行业的可持续发展水平。

第一章

研究的背景与意义

一、节能减排是国家的发展战略

一直以来，我国的重工业采用的都是能源依赖型的粗放式发展。以煤炭为主的能源结构不仅会严重制约企业的成长，影响经济结构的调整，而且会导致一系列的气候问题和能源问题，诸如温室效应和能源短缺。面对这些问题，政府出台了一系列的指导性政策，学术界有针对性地开展了研究，企业负责人也开始有步骤地进行了整改。在这种大环境下，节能减排、创造低碳经济的理念应运而生。徐匡迪院士曾在 2010 生态文明贵阳会议上的演讲中总结道："传统产业减排、发展循环经济是走向低碳经济的第一步。"

在"传统产业"中，钢铁行业占据着重要的地位。中华人民共和国成立以来，我国的钢铁行业迅猛发展，2014 年，中国粗钢产量达 8.23 亿吨，达到近期的一个峰值，随后 2015 年、2016 年两年的产量略有下降，但也维持在 8 亿吨的水平。2016 年底，国务院相继印发了《国务院关于印发"十三五"控制温室气体排放工作方案的通知》和《国务院关于印发"十三五"节能减排综合工作方案的通知》；同时，以排污许可制度为核心的环境管理制度体系即将建立，全面启动达标排放计划，排放标准进一步收严。这对钢铁为代表的重工业提出了更加严格的要求。

当然，钢铁工业不仅是国民经济的重要组成部分，更是节能减排潜力巨大的行业。为此，2009 年 3 月，国务院办公厅下发了《钢铁产业调整和振兴规划》。该文件明确提出，截至 2015 年，国内排名前 5 位钢铁企业的产能占全国产能的比例达 45% 以上，沿海、沿江钢铁企业产能占全国产能的比例达 40% 以上。重点大中型企业吨钢综合能耗不超过 620 千克标准煤，吨钢耗用新水量低于 5 吨，吨钢烟粉尘排放量低于 1.0 千克，吨钢二氧化碳排放量低于 1.8 千克，二次能源基本实现 100% 回收利用，冶金渣近 100% 综合利用，污染物排放浓度和排放总量双达标。

能源消耗的预测是钢铁企业制定能源规划的重要科学依据。企业通过能源消耗预测可以把握能源消耗的趋势，从而采取措施调整能源存储量，合理规划以减少浪费，降低钢铁生产成本，对于提高冶金企业产品的市场竞争力、经济效益和信息化管理水平具有极为重要的意义。因此，本书选取了钢铁企业吨钢综合能耗为研究对象。

二、能耗预警是实现节能减排的重要手段

在节能减排的大环境下，各个企业都把控制能耗提上了议事日程。但是，如果在能耗超标之后再予以控制，远不如从现在开始加强管理，防患于未然来得有效。能耗预警系统可以行之有效地解决这一问题。预警系统主要是决策支持系统，目的在于为管理者提供有力的决策依据。

从宏观上来看，钢铁企业能耗预警的意义主要体现在以下几个方面。

首先，从行业角度来看，有助于钢铁行业的稳定、健康、可持续发展。提到缺少预警系统可能造成的危害，很多报告文献等都将其和整个国民经济联系在一起。这绝不是危言耸听，因为钢铁工业是我国国民经济基础产业之一，与国民经济建设和人民的日常生活密切相关，如果不加强钢铁企业的风险预警管理，很可能会给企业造成巨大的经济损失，甚至破产倒闭，而且还有可能波及整个行业。这就有可能导致更加严重的问题，如失业率提高、国际竞争力下降等，严重影响社会的稳定。

其次，有利于提高我国钢铁行业的整体竞争力。出现问题之后再予以补救一般都有时间上的滞后性。这样亡羊补牢的效果远不如未雨绸缪。而风险预警系统可以利用技术手段发现依靠管理者的经验发现不了的问题，从而为企业的决策者提供判断依据，令其早作准备，将潜在的问题扼杀在萌芽状态。这样就可以从容应对，有效遏制问题扩大到不可控制的范围。相对于那些没有有效风险预警机制的企业，这些企业就有了竞争优势，提升了整体竞争力。

最后，从企业角度来看，风险预警有利于大型钢铁企业的稳定和可持续发展。在竞争激烈的今天，来自国内外的竞争对手给企业发展带来了很大的压力。风险预警系统可以持续不断地对企业风险因素进行跟踪监测，并对可能的结果进行预测，根据专家给定的划分标准作出警级预告。这样企业能够做到居安思危，防患未然，提早为未来几年的发展做好规划，维持企业的可持续发展。

因此，本书构建了针对大型企业的吨钢综合能耗的风险预警体系。该体系不仅可以针对一项指标工作，而且可以推而广之地应用到能耗相关的各个方面，从而全面综合地给出决策支持依据。

三、人工神经网络是进行能耗预警的有效方法

神经网络顾名思义，起源于仿生学对生物神经系统的工作原理的模拟和仿造。目前，学术界对人工神经网络的定义为：基于模仿生物大脑的结构和功能而构成的一种信息处理系统或计算机，简称神经网络，简写为 ANN（Artificial Neural Network）。它是一种平行分散处理模式，除具有较好的模式识别能力外，还可以克服统计预测方法的限制，因为其具有容错能力，对数据的分布要求不严格，具备处理资料遗漏或错误的能力。最可贵的是它具有学习能力，可随时依据新准备数据资料进行自我学习、训练，调整其内部的储存权重参数以应对多变的经济环境。

做预测的大部分方法都十分复杂，因为对于未来的估计总是会受到各种

外界相关因素的影响。在普通的统计计算方法中，一般都把相关因素罗列出来，利用主成分分析等方法对其影响程度赋予权重，进而对预测量进行调整。而人工神经网络可以在网络的输入端囊括各种影响因素，从而使建立的模型包含各种不确定性的影响，而无须对影响因素单独分离。

本书的研究工作之一，就是利用人工神经网络中应用最广泛的 BP 神经网络算法，对大型钢铁企业的能耗相关指标进行预测，以预测其在现行状态下未来 5 年内的变化趋势。

四、Boosting 框架是提升语塞算法精确度的有力途径

Boosting 方法的主要功能是用来提高弱预测算法的准确度。这种方法构造一个预测函数系列，接下来按照一定的方式将预测函数序列整合成一个较为强大的预测函数。它没有自己独立的算法流程，是一种框架算法，主要是建立在其他算法的基础上，通过对样本集的操作获得样本子集，然后用弱预测算法在样本子集上训练生成一系列的基预测器。其主要功能是提高其他弱预测算法的识别率，即将其他的弱预测算法作为基预测算法放于 Boosting 框架中，利用该框架得到不同的训练样本子集，用该样本子集去训练生成基预测器；每得到一个样本集就预测产生一个基预测器，这样经过 n 轮训练，就可得到 n 个基预测器。Boosting 框架算法在这时将这 n 个基预测器进行加权融合，产生一个最后的、较为精确的结果预测器。这 n 个基预测器中的单个预测器的识别率不一定很高，但其以一定的方式耦合之后的结果有很高的识别率，这样便提高了该弱预测算法的识别率。在产生单个的基预测器时可用相同的预测算法，也可用不同的预测算法，这些算法一般是不稳定的弱预测算法，如神经网络（BP）、决策树（C4.5）等。

第二章

文 献 综 述

一、与可持续发展相关的理论综述

（一）增长的极限理论

20 世纪 60 年代，美国经济学家鲍尔丁就敏锐地认识到必须进入经济过程思考环境问题产生的根源，提出了"宇宙飞船经济理论"。其含义是，地球就像在太空中飞行的宇宙飞船（当时正在实施阿波罗登月计划），这艘飞船靠不断消耗自身有限的资源而生存。如果人们的经济像过去那样不合理地开发资源和破坏环境，当超过了地球的超载能力，就会像宇宙飞船那样走向毁灭。鲍尔丁的理论在世界上引起了巨大反响。使人们认识到必须建立能重复使用各种物资的"循环式经济"以代替旧的"单程式经济"。鲍尔丁的"宇宙飞船经济理论"在今天看来仍有相当的超前性。它意味着人类社会的经济活动应该从效法以线性为特征的机械论规律，转向服从以反馈为特征的生态学规律。[1][2]

20 世纪 70 年代初，以人口、资源、环境为主要内容，以讨论人类前途

---

[1] 厉以宁，章铮. 环境经济学 [M]. 北京：中国计划出版社，1995.
[2] 雷明. 绿色投入产出核算：理论与应用 [M]. 北京：北京大学出版社，2000.

为中心议题的"罗马俱乐部"成立，随后发表了其研究成果《增长的极限》。其主要论点是：人类社会的增长由五种相互影响、相互制约的发展趋势构成。这五种趋势是：加速发展的工业化、人口剧增、粮食私有制、不可再生资源枯竭，以及生态环境日益恶化，它们都是以指数的形式增长。由于地球资源的有限性，这5种趋势的增长都是有限的。如超过这一极限，后果很可能是：人类社会突然地、不可控制地瓦解。科学技术只能推迟"危机点"，因此，人口和经济的增长是有限度的，一旦达到极限，增长就会被迫停止。《增长的极限》的结论是：人类社会经济的无限增长是不现实的，而等待自然极限来迫使增长停止又是社会难以接受的。出路何在？人类可以自我限制增长，或者说协调发展，这是最可取的方法。①②

（二）生态控制论

控制论创始人之一、英国生理学家艾什比认为，社会像生物系统一样具有自我调节、自我控制的能力，因此，可以将生态系统理论运用于人类经济社会的调控。生态控制论主要包括以下内容。

1. 整体有序原则

生态系统是由许多子系统组成的，各子系统相互联系，在一定条件下，它们相互作用和协作，从而形成有序并具有一定功能的自组织结构。所谓的"序"是指系统有规则的状态。整体有序原则认为，系统演化的目标在于功能的完善，而不是组分的增长，一切组分的增长都必须服从整体功能的需要，任何对整体功能无益的结构性增长都是系统所不允许的。

2. 循环再生原则

生物圈中的物质是有限的，原料、产品和废物的多重利用及循环再生是

---

① 牛文元. 可持续发展导论 [M]. 北京：科学出版社，1994.
② 王军. 可持续发展 [M]. 北京：中国发展出版社，1997.

生态系统长期生存并不断发展的基本对策，生态系统内部应该形成环网结构，使其中的每一组分既是下一组分的"源"，又是上一组分的"汇"，使物质在其中循环往复、充分利用。这对于清洁生产工艺有重要的启示作用，清洁生产不仅可提高资源的利用效率，而且还可以避免生态环境的破坏。

3. 相生相克原则

这里的相生相克是指生态系统各要素相互促进和制约的作用关系，这些作用构成了生态系统的生克网。在生态系统中，一切生物都通过共生节约资源，以求得持续稳定。相生相克原则提出了保证生态系统的稳定性和避免突发事件发生的机制。这就要求人们在利用生物资源时，注意生态系统生克网的整体，而不是局部。

4. 反馈平衡原则

生态系统中，任何一个生物的发展过程都受到某种（或某些）限制因子或负反馈机制的制约作用，也得到某种（或某些）促进因子或正反馈机制的促进作用。在过程稳定的生态系统中，这种正、负反馈机制是相互平衡的。反馈平衡原则要求在生态系统调控中，要特别注意限制因子和促进因子的动态，充分发挥促进因子的积极作用，设法克服和削弱限制因子的消极作用。

5. 自我调节原则

生态系统中的生物都有较强的自我调节和适应能力，它们能够根据环境的变化，采取抓住最适机会尽快发展并力求避免危险获得最大保护的策略。自我调节能力的有无和强弱是生态系统与机械系统的主要区别之一，区域复合系统也是一种自组织系统，具有自我适应和自我维持的自调节机制。

6. 层次升迁原则

生态系统中，生物还有不断扩展其生态位的趋适能力，即不断占用新的资源、环境及空间，以获得更多、更好的发展机会。区域生态系统不同于自然生态系统，人是复合生态系统的组织者和调控者。人类不仅能够不断地提高自己认识客观世界的能力，而且具有根据自己的认识，改造客观世界的能力，人类可通过调整区域复合系统内部结构和科学技术等手段，摆脱旧的限制因子的制约、改善外部环境条件、扩大环境容量，使区域复合系统由前一个层次上升到一个新的更高的层次。①②③

上述生态控制论原则，对于我们认识和研究钢铁企业可持续发展系统具有重要的指导作用。

（三）循环经济理论

循环经济（Circular Economy）一词是对物质闭环流动型（Closing Materials Cycle）经济的简称。20 世纪 90 年代以来，学者和政府部门在实施可持续发展战略的过程中，越来越认识到当代资源环境问题日益严重的根本原因在于工业化运动以来以"高开采、低利用、高排放"（所谓"两高一低"）为特征的线性经济模式。为此，提出人类社会的未来应该建立一种以物质闭环流动为特征的经济，即循环经济，从而实现可持续发展所要求的环境与经济双赢（即在资源环境不退化甚至得到改善的情况下促进经济增长）的战略目标。④

循环经济本质上是一种生态经济，它要求运用生态学规律而不是机械论规律来指导人类社会的经济活动。循环经济与线性经济的根本区别在于，后者内部是一些相互不发生关系的线性物质流的叠加，由此造成出入系统的物质流远远大于内部相互交流的物质流，造成经济活动的"高开采、低利用、高排放"特征；而前者则要求系统内部要以互联的方式进行物质交换，以

---

① 钟晓红. 人类可持续发展需要新模式 [J]. 世界环境，1995 (3)：3 – 4.

② Pearce D W, and Atkinson G. *Capital Theory and the Measurement of Sustainable Development：An Indicator of Weak Sustainability* [J]. *Ecological Economics*，1993 (8)：103 – 108.

③ Pearce D W and Warford J J. *World Without End：Economics，Environment and Sustainable Development* [M]. Oxford and New York：Oxford University Press，1993.

④ 李良园. 上海发展循环经济研究 [M]. 上海：上海交通大学出版社，2000.

最大限度利用进入系统的物质和能量，从而能够形成"低开采、高利用、低排放"的结果。一个理想的循环经济制造系统（见图2-1）通常包括四类主要行为者：资源开采者、处理者（制造商）、消费者和废物处理者（广义回收商）。所谓广义回收商是指具有回收、处理、再生等多功能的联合企业。回收商在循环经济系统运行过程中应发挥重要的协调和纽带作用，是循环经济发展的一个关键环节，该环节目前在我国还相当薄弱，应大力发展。如能在这一环节引入高新技术并实施先进的物流管理系统，我国的循环经济将会有长足发展，形成一个新的经济—环境双赢的经济增长点。

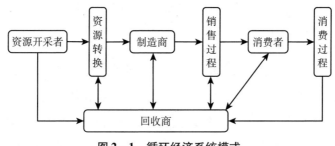

图2-1 循环经济系统模式

循环经济系统由于存在反馈式、网络状的相互联系，系统内不同行为者之间的物质流远远大于出入系统的物质流。循环经济可以为优化人类经济系统各个组成部分之间关系提供整体性的思路，为工业化以来的传统经济转向可持续发展的经济提供战略性的理论范式，从而从根本上消解长期以来环境与发展之间的尖锐冲突。

根据循环经济理论，一个面向循环经济的制造系统应具备以下特征：第一，生产不仅要注重新产品的开发和提高产品的质量，而且要尽可能地减少原材料的消耗并选用能够回收再利用的材料和结构。第二，要抵制为倾销商品而进行的过分包装，在简化包装材料和容器的同时，使用可以回收再利用的包装材料和容器。第三，要在减少被排出的产业废弃物的同时，对其进行尽可能彻底的回收再利用，对于有毒有害的产业废弃物进行环境无害化的及时处理。第四，要努力培育把消费后的产品资源化的回收再利用产业，使得对生活废弃物的填埋和焚烧处理量降低到最小。第五，要尽可能地从那些污染环境的能源转移到可再生利用的太阳能和风力、潮汐、地热等绿色能源上来。

循环经济系统的建立必将给钢铁业的发展带来严峻挑战，迫使我们必须尽快改变传统的钢铁生产模式：资源→生产（产生污染）→末端治理→产品→消费（再次污染）；建立面向循环经济的钢铁生产模式：资源→生产（减量、回收）→产品→消费（再利用、再生资源）。面向循环经济的钢铁生产制造系统的建立，将为我国经济发展模式由粗放经营、掠夺式开发向集约型、可持续发展转变提供手段。

（四）三种生产理论

三种生产理论是物质资料的生产、人类自身的生产和环境的生产相互适应的理论。从 20 世纪 70 年代中期起，科学工作者就从对马克思主义理论的探索中发掘出了"两种生产"的理论，即人类自身的生产和物质资料的生产必须相互适应的理论，并将其作为马克思主义人口学的一条基本原理。但是，从整个人类全部历史活动的宏观角度对人类社会生产活动进行总的考察，"两种生产"理论仍然是不全面的，因为人类除了进行物质资料生产以维持自身的生产以外，还改变着自然、改造着环境、进行环境的生产，以维持物质资料生产的进行，于是三种生产理论应运而生。[①]

1. 三种生产及其相互联系

（1）物质资料的生产。物质资料的生产是指人类从环境中索取自然资源并接受人类自身再生产过程产生的各种消费再生物，通过人类的劳动将其转化为生活资料的总过程。在这个过程中生产出来的生活资料用于满足人类的物质需求，同时生产过程中的废弃物返回环境。

---

① 叶文虎，陈国谦．三种生产论：可持续发展的基本理论［J］．中国人口·资源与环境，1997（1）：14 – 18．

（2）人类自身的生产。人类自身的生产是指人类生存和繁衍的总过程。在这个过程中，人类消费物质生产提供的生活资料和环境生产提供的生活资源，产生人力资源以支持物质生产和环境生产，同时产生消费废弃物返回环境，产生消费再生物返回物质生产环节。

（3）环境的生产。环境的生产是指在自然力和人力的共同作用下，对环境自然结构和状态的维护和改善。在这个过程中要消耗物质生产过程产生的生产废弃物和人类自身生产产生的消费废弃物，同时产生新的生产资源和生活资源。

2. 三种生产的协调

三种生产的协调是实现可持续发展的一个重要前提。协调需要具体的操作，协调操作需要有能正确指导操作的理论、准则、方法和技术。要使三种生产的运行关系从不和谐转变为和谐，关键在于协调三种生产之间的联系方式和内容，以确保整个系统的和谐运行；要协调各个生产环节内部运行的目标和机制，以保证三种生产的发展和三种生产之间的正确联系。

（1）深化环境影响评价。作为环境管理制度，环境影响评价本应对人类社会行为通过三种生产可能对环境造成的影响进行预测，然后在此基础上去评价其对三种生产和谐运行的贡献（正负、大小），并据此对人类的社会行为进行调整。

但目前的环境影响评价工作，远远没有做到这一点，它们不但只是针对物质生产活动，而且只是针对物质生产过程中的产品加工过程。因此，为了促进三种生产的协调，必须认真地扩展环境影响评价的内容和方法以及相应的管理办法。

在内容上，目前至少应增加两个方面：一是公共政策的环境影响评价；二是以产品为龙头的全过程环境影响评价。前者是因为政府的国内政策和国际政策，都会直接或间接地对全球和局部环境产生影响；后者则是因为任何产品在其原料形成、加工制作、销售使用以及报废消失的整个过程中，都与环境相互作用（绝不局限在加工制造阶段）。这一做法正是近年来在国际上兴起的、在环境审计的基础上对产品进行环境认证的生命周期评价。

（2）开展环境建设。从三种生产及其关系中还可以看出，在工业文明时代，区域复合系统运行的一个最基本的矛盾，就是环境生产的输入输出不平衡：其输入除了自然力以外，只是废弃物（生产废弃物和消费废弃物），而这两种废弃物不但不能帮助自然力去维持环境生产的运行，反而削弱了自然力维持环境生产的能力。在这种情况下，环境生产却要向物质资料的生产和人类自身的生产提供越来越多的资源。工业文明的这一本质性矛盾，靠人类努力推行清洁生产和资源回收等办法可以有所缓解，但在传统发展模式内是不可能从根本上得到解决的。

对于这个本质性的矛盾，根据三种生产理论，解决的途径显然应该是开展环境建设。具体来说，就是调配人力资源和资金的投向，保证环境建设的投入。这里要注意的是，治理污染、资源回用等做法并不属于环境建设的范畴，而仍属于物质生产范畴之内的活动。

环境建设不同于传统的第一、第二、第三产业，其根本任务不是为人的生产这一环节提供生活资料；而是协调三种生产之间的关系，保证环境能源源不断地提供生活资料和生产资料，进而从根本上解决人类社会发展的不可持续性。

目前流行的经济核算体系，不能反映环境建设的功能，难以推动环境建设的发展。但环境建设以其协调三种生产关系的基本地位，将推动经济学的改造和环境科学的发展，从而推动可持续发展。

（3）政府协同三种行为。人类的社会行为由政府行为、市场行为和公众行为组成，其中，政府行为处于主导地位。政府可以把属于自己的各种手段结合成一个系统的整体行为，去提高公众的可持续发展意识，从而去调控人口的增长，改变单纯追求物质享受的消费观念和消费方式，并在注意向物质生产投放人力资源的同时，注意向环境生产投放人力资源等。另外，政府还可以通过自己的行为调控物质生产活动，扶植其通过清洁生产技术和资源回用技术来提高社会生产力和资源利用率，激励环境建设的发展，从而使公众体会到环境生产的巨大作用，使物质资料生产实现经济—环境效益双赢。

基于三种生产理论，本书提出了表征制造业发展的六种能力：企业创利能力、绿色制造能力、人力资源能力、绿色消费能力、清洁生产能力、回收再生能力。其概念模式可用图2-2描述。

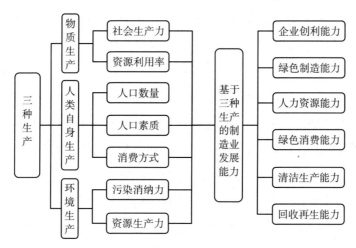

图2-2 基于三种生产的制造业发展能力

上述诸多理论，对研究钢铁企业的可持续发展奠定了理论基础，尤其是循环经济、三种生产理论，对于指导本书的研究具有重要的理论意义。

二、企业可持续发展研究文献综述

目前，国内外关于企业可持续发展的研究，主要集中在企业可持续发展的含义、企业可持续发展的影响因素、企业可持续发展的实现途径、企业可持续发展的评价等方面。

（一）企业可持续发展的内涵研究

由于企业可持续发展问题是最近几年刚刚提出的一个新问题，也是目前企业管理理论研究一个比较前沿的问题，因此，国内外目前对企业可持续发展的含义尚未有一个广泛认同的定义。目前，国内外学术界关于企业可持续发展的定义，大致可归纳为以下五种观点。

1. 企业自身发展观

这类观点认为，企业可持续发展是既能够实现企业当前的经营目标又能够保持盈利增长和运行效率持续提高的发展。如黄小军认为，企业可持续发展是指在一段较长时期内，企业通过持续学习和持续创新活动，在经济效益方面稳步增长，在运行的效率上不断提高[①]。郭东海认为，企业可持续发展的内涵是指企业生命活力的永存，企业生命活力的持续性和成长性是企业可持续发展的两大核心命题[②]。吴应宇等认为，要使企业系统的发展获得可持续性，必须使企业的量性发展和质性发展结合起来[③]。朱开悉认为，企业可持续发展也称企业可持续成长，是指企业保持财务政策不变和既定外部环境条件下，在可预见的未来，企业能够实现的销售和盈利的持续成长[④]。陈曜等认为，所谓企业可持续发展，即把企业追逐效益最大化的目标修正为远期稳定收益最大化或获得满意的长期利益，即使企业拥有的生产性资本恒定或增加，具有可持续收益能力[⑤]。

2. 企业与其经营环境和谐发展观

这类观点认为，企业可持续发展是指企业一方面保持自身生命力的持续性；另一方面与外界环境和谐发展。

如刘易勇认为，企业可持续发展即企业在追求自我生存和永续发展的过程中，既要考虑企业经营目标的实现和提高企业市场的竞争地位，又要保持企业在已领先的竞争领域和未来扩张的经营环境中始终保持持续的盈利增长

① 黄小军. 论企业核心能力的培育与企业可持续发展 [J]. 广州大学学报（社会科学版），2002，1 (4)：58–60.
② 郭东海. 论企业可持续发展 [J]. 山东经济，2002 (5)：51–54.
③ 吴应宇，于国庆. 论企业可持续发展系统 [J]. 东南大学学报（哲学社会科学版），2002，3 (4)：46–49.
④ 朱开悉. 企业可持续成长分析与财务成长管理 [J]. 科技进步与对策，2002 (6)：14–16.
⑤ 陈曜，马岚. 企业可持续发展评价研究 [J]. 上海统计，2002 (4)：15–17.

和能力的提高，保证企业在相当长的时间内长盛不衰。其核心不是规模的扩大，而是要实现企业对环境的适应和不断进行创新。

李占祥认为，企业可持续发展即企业可持续成长，包括两层含义：①企业是自然生态系统中的一部分，其生产建设必须同环境保持协调发展；②企业自身要维持其生命力的持续性①。

余琛认为，企业可持续发展即在一段较长时期内，企业的核心能力无法被同类竞争者模仿；同时，企业自身能够保持对外界环境敏锐的反应，并且能够通过持续学习和持续创新活动，与外界环境和谐发展；内部形成良好的支持系统，从而使企业形成稳定的成长机制，在经济效益方面不断增长，在运行效率上不断提高，在同行业中的地位保持不变或有所提高。

3. 企业与环境、社会、生态协调发展观

这类观点认为，企业可持续发展是指企业在追求自身利益和生存的同时，充分考虑与环境、社会、资源协调发展。如赵伟认为，企业可持续发展即要求企业在追求自身利益和生存的同时，必须充分考虑与环境、资源、社会的和谐发展。并且在考虑近期、当代发展的同时，要充分考虑长期、下一代乃至代代的持续发展②。

李本林等认为，企业持续、健康发展不是单纯的利润增长，而是与企业活动相关的社会、经济、环境目标持续不断地提高或改进。主要包含：①资本收益的长期、持续、满意化；②企业发展所必需的环境资源基础持续存在和加强；③企业行为能主动适应法律、文化、道德、习俗等社会环境及其变化趋势；④员工收入增加，生活质量改善，自身素质提升，自我目标不断实现，对企业的忠诚和奉献意识持续不变③。

张小红认为，企业可持续发展是指企业根据日益增长的外界环境变化，调整其战略及行为以适应和满足日益增长的社会需求，同时提高和保护人力

---

① 李占祥. 论矛盾管理学 [J]. 企业经营与管理，1999（9）：59－63.
② 赵伟. 工业企业可持续发展影响因素分析 [J]. 工业技术经济，2002（2）：62－64.
③ 李本林，黎志成. 可持续发展的企业战略特征探讨 [J]. 计划与市场，2001（9）：19－20.

资源和自然资源的持续性以满足未来的发展需要。其核心是强调与自然环境、社会环境相容共生，强调内在潜力的挖掘和优化①。

曾珍香等认为，企业可持续发展即指企业在追求永续发展的过程中既要考虑近期利润增长和市场扩大化，又要考虑长期持续的利润增长；企业在实现效益、利润增长的同时，也做到了与人口、环境、生态相协调、相一致的发展②。

董小东认为，在当前形势下，企业的可持续发展需要依靠创新驱动。不但要追求当前的发展，而且要顾及生产经营与环境、生态、资源的协调一致，以实现企业的长期高效运行③。

唐勇认为，企业可持续发展就是要在创造财富的同时，保持人类社会发展的需要，不以牺牲人类生存环境与过度消耗不可再生资源为代价，保持经济效益、社会效益和环境效益协调一致发展④。

Jr W D 指出，企业可持续发展是在企业计划与决策过程中，同时考虑经济增长、环境保护及社会责任等⑤。

希尔等指出，企业可持续发展是企业以一种有利于改善所有人生活水平的方式获得自身经济增长，同时加强环境保护⑥。

4. 企业与消费者、社会、权益所有者共赢观

这类观点认为，企业可持续发展是指企业在实现持续成长的同时，能够持续满足消费者、社会及权益所有者的需要。

密淑泉认为，企业的发展永远不是独自成长的过程，而是处在一个完善

---

① 张小红. 中小企业可持续发展研究综述 [J]. 中国商论, 2018 (1): 85 – 86.

② 曾珍香, 吴继志. 企业可持续发展及实现途径 [J]. 经济管理, 2001 (23): 35 – 38.

③ 董小东. 以名企为例论 "创新学习机制 促进企业可持续发展" [J]. 中国农村教育, 2018 (1).

④ 唐勇. 工业企业可持续发展指标体系初探 [J]. 绍兴文理学院学报, 2002, 22 (9): 96 – 99.

⑤ Jr W D. *Changing Course: A Global Business Perspective on Development and the Environment* [J]. *Thrombosis & Haemostasis*, 1992, 111 (4): 575 – 582.

⑥ Hill J. *Thinking about a more sustainable business-an indicators approach* [J]. *Corproate Enviornmental Strategy*, 2001, 8 (1): 30 – 38.

的生态系统中，系统中各类主体相互作用，一荣俱荣，一损俱损。[①]

王强强认为，若企业外在表现为产品能够为消费者所接受，企业行为能够以守法经营和依法纳税为社会所接受；内在表现为企业的净资产能够保值、增值，能够为企业权益所有者带来期望的回报，则企业实现了可持续发展[②]。

5. 企业生存状态观

这类观点认为，企业可持续发展是一种超越企业增长不足或增长过度、超越资源和环保约束、超越产品生命周期的企业生存状态[③]。

以上五种观点从不同角度对企业可持续发展的内涵作了解释，然而细加分析可以发现，五种观点主要涉及企业可持续发展两方面的内容：一方面，着重强调企业自身持续盈利、经济效益稳步提高，前两种观点体现了此方面的内容，它们所论述的内容较具体但范围稍显狭窄；另一方面，着重强调企业与社会、生态及相关者的协调发展，后三种观点体现了此方面的内容，它们所论述的内容范围比较宽泛但又过于笼统。

（二）企业可持续发展的影响因素

在国内外有关企业可持续发展的相关文献中，许多学者对影响企业可持续发展的因素进行了分析。以下有代表性的成果列举如下。

战略资产论：各类资产是企业可持续发展的影响因素，其中，资产包括有形资产、无形资产、管理资产及智力资产[④]。

全因素影响论：影响工业企业可持续发展的九类因素，主要包括：市场需求、资源、人力资源、物质技术、经济实力、创新能力、环境保护、经营

---

① 密淑泉. 基于生态系统角色视角的企业创新生态系统分析 [J]. 经贸实践, 2017 (17).

② 王强强. 利益相关者视角与景区企业的社会责任分析 [J]. 法制与社会, 2018 (4).

③ 魏炜, 林桂平, 朱武祥. 从治理交易关系与业务交易关系探讨企业边界及相关命题——一个多案例研究的发现 [J]. 管理评论, 2016, 28 (4): 212 – 224.

④ 周文仓. 企业可持续发展的资源基础论 [J]. 技术经济与管理研究, 1995 (5): 52 – 53.

管理、社会环境①。

企业活力论：企业生命活力永存即实现了企业可持续发展，并阐释了企业活力的若干观点：①企业活力"组合说"；②企业活力"要素说"；③企业活力"功能说"；④企业活力"机体说"②。

企业文化论：企业可持续发展的影响因素主要有企业经营观念；企业经营制度；企业文化及企业客观条件③。

维多利奥等指出，企业可持续竞争系统的关键因素具体分为三类：①外部因素，包括政府、环保组织、工会、大众媒体、当地社团、市场、竞争者及其他企业；②内部因素即存在于价值链上的可操作因素；③自然环境④。

琼·阿锐德指出，企业具有的与其他企业不同的能力及隐性知识均会引起可持续竞争优势，从而促进企业可持续发展⑤。

乌劳伊等指出，环境的可持续技术的管理成为单个企业拥有持续活力的主导因素⑥。

通过上面的举例可见，不同学者对影响企业可持续发展因素的理解有很大的差异。这一方面是由于不同学者对企业可持续发展的理解不同，另一方面则是由于不同学者考察问题的角度不同。尽管不同学者对影响企业可持续发展因素的理解不同，但我们仍可以根据不同学者的研究，将影响企业可持续发展的因素归结为以下几点。

（1）持续性的人力资本。持续性的人力资本即人员素质不断提高、人员所掌握的技术及技能持续改善、企业所拥有的人力资本存量持续增加。

---

① 赵伟. 工业企业可持续发展影响因素分析 [J]. 工业技术经济, 2002, 21 (2)：62 - 64.

② 郭东海. 论企业可持续发展 [J]. 经济与管理评论, 2002 (5)：51 - 54.

③ 刘帮成，姜太平. 影响企业可持续发展的因素分析 [J]. 管理科学, 2000, 13 (4)：2 - 5.

④ Chiesa V, Manzini R, Noci G. *Towards a Sustainable View of the Competitive System* [J]. *Long Range Planning*, 1999, 32 (5)：519 - 530.

⑤ Johannessen J A, Olsen B. *Knowledge management and sustainable competitive advantages：The impacts of dynamic contextual training* [J]. *International Journal of Information Management*, 2003, 23 (4)：277 - 289.

⑥ Ulhoi J P, Modsen H, Hildebrandt S. *Green New World：A Corporate Environmental Business Perspective* [J]. *Scandinavian Journal of Management*, 1996, 12 (3)：243 - 254.

（2）具有核心竞争力。核心竞争力是竞争对手难以模仿的、具有高价值性及延展性的企业能力，可以提高顾客满意度，使企业保持持久的竞争优势。

（3）与市场需求保持一致。持续满足消费者的多样化要求，与市场需求趋势一致；使企业拥有稳定的市场份额，从而保障企业持续收益能力的增强。

（4）创新能力。企业的创新能力包括产品创新、技术创新、经营策略创新、管理创新、企业制度和组织创新，创新是企业的生命。

（5）企业的经营理念、经营制度、企业文化等。

（三）企业可持续发展的实现途径

基于对企业可持续发展影响因素的研究，国内外学者从不同的角度提出了企业可持续发展的实现途径。现将有关观点综述如下。

1. 培育和发展企业的核心竞争力

培育和发展核心竞争力是实现企业可持续发展的四个主要途径之一（其他三个途径是提高创新能力、发展新的主导业务领域、优化企业环境）。翟佳萌认为，企业核心竞争力是指企业长期积累而形成的一种独特能力，可实现高于竞争对手的价值，有进入多种市场潜力，难以复制模仿，是长期利润的源泉。拥有较强的核心竞争力，意味着企业在市场竞争过程中拥有较多的选择权。因此，企业应该培养和发展企业的核心竞争力，以实现企业的可持续发展[①]。

2. 普及绿色观念，实行绿色管理

丁旭指出，绿色营销是实现企业可持续发展的必要前提和条件，也是实现企业可持发展的关键环节。孙文祥等指出，绿色管理是企业可持续发展的

---

① 翟佳萌．网络经济下的企业核心竞争力［J］．中国集体经济，2017（7）：64 – 65．

必然选择①。刘帮成等指出，企业要实现可持续发展必须转变观念，增强企业可持续发展意识；强化绿色管理，推动绿色制度创新。陈小洋指出，基于绿色战略的可持续发展是企业实现可持续发展的必然选择。WBCSD（World Business Council For Sustainable Development）指出，要在企业内部实现 Eco-Efficiency（具有非物质闭合产品环、服务拓展、功能推广的特点），并使企业树立 Corporate Social Responsibility（即将企业对社会的关注融入企业战略）的思想。

3. 完善知识管理，建立学习型组织

持续学习是企业可持续发展的精神基础。建立学习型组织是实现企业可持续发展的必然选择。知识竞争战略是实现企业可持续发展的关键，它包括显性知识竞争战略、隐性知识竞争战略。其中，隐性知识竞争战略即创建学习性组织，实现整个组织自主创新。

4. 提高创新能力

自从"大众创业、万众创新"开始实施以来，创新驱动已经成为推动企业发展的第一动力，也是企业持续保持活力的源头。

持续创新是实现企业可持续发展的主要途径之一，培养和发展企业核心竞争力、发展新的业务领域、优化企业环境（自然环境、社会环境和文化环境）也是实现企业可持续发展的主要途径②。

5. 增强与企业利益相关者的对话

捷普格兰③指出，与利益相关者进行沟通是实现企业可持续发展的关键

---

① 丁旭. 国有企业可持续绿色经济价值转化研究 [J]. 人民论坛·学术前沿, 2017 (16): 130-133.

② 张玉明, 聂艳华. 基于创新系统方法的制定可持续创新政策的关键问题研究 [J]. 科技管理研究, 2016, 36 (24): 21-25.

③ Glahn J, Heydenreich K. *Steps Towards Sustainable Development at Brødrene Hartmann A/S* [J]. *Corporate Environmental Strategy*, 2001, 8 (2): 186-192.

因素。尼尔让瑟欧①等提出了可持续企业工程，该工程中包含跨区域的多个利益相关者的对话。WBCSD 也指出，与利益相关者对话有利于企业可持续发展。

（四）企业可持续发展评价研究

关于可持续发展的评价，许多学者进行了研究。

姚愉芳等阐释了可持续发展指标体系的原则、内容及评价模型，还提出了可持续发展评估的两种方法——层次分析法（AHP）和因素分析法②。

曾珍香、顾培亮将可持续发展指标体系分为综合性指标、层次结构指标以及多维矩阵结构指标。阐释了可持续发展指标体系的结构、建立方法及构建原则等，提出了基于 M－S 方法的复杂系统评价过程模型及定性指标定量化的若干方法，如 Delphi 法、头脑风暴法、模糊方法、灰色方法、AHP 法等，分析了可持续发展系统状态评价模型③。

李金华提出了可持续发展指标评价系统常用的两种方法——计量分值法和模糊数学模型法④。同时指出，对主观指标的求值和汇总使用：①量值平均法；②模糊定值法。此外，还阐释了可持续发展综合评价系统的操作思路。

关于企业可持续发展评价研究有以下主要文献。其中，针对工业企业的研究较为丰富。

唐勇阐释了工业企业可持续发展指标体系的特征、构建原则及指标体系框架，指出工业企业可持续发展能力包括经济可持续发展能力（经营、科技、组织、核心竞争力），社会可持续发展能力（社会保障、收入水平、就业程度及经济贡献）及环境可持续发展能力（资源利用、环保投入、污染

① Rotheroe N, Richards A. *Social return on investment and social enterprise: transparent accountability for sustainable development* [J]. *Social Enterprise Journal*, 2007, 3 (1): 31－48.

② 姚愉芳，贺菊煌等. 中国经济增长与可持续发展——理论、模型与应用 [M]. 北京：社会科学文献出版社，1998.

③ 曾珍香，顾培亮. 可持续发展的系统分析与评价 [M]. 北京：科学出版社，2000.

④ 李金华. 中国可持续发展核算体系（SSDA）[M]. 北京：社会科学文献出版社，2000.

处理）三方面，并运用 AHP 法对工业企业可持续发展能力进行评估①。

　　谢朝阳构建了机械工业企业可持续发展的评价指标体系，该指标体系包括目标指标和支撑指标。并且还提出评价方法体系，具体包括：经济发展评价模型、单指标评价模型及综合竞价模型②。

　　另有学者将企业可持续收益能力作为评价企业可持续发展的核心，构建出企业可持续发展的综合评价指标体系。该指标体系包含四级指标：第一级为企业可持续收益能力；第二级为完全投资收益率和完全资本积累率；第三级为生产经营指标、技术创新指标、人力资源指标及可持续发展指标；第四级为更详细的指标③。

　　王爱华等构建了一套评价企业可持续发展程度的指标体系，该指标体系包含环境效益指标、经济效益指标及社会效益指标，并分别对各指标进行了分析、解释④。

　　美国财务学家罗伯特·C. 希金斯⑤提出了企业可持续增长率的概念，他通过可持续增长率从财务角度对企业可持续增长进行度量。他认为："企业可持续增长率是指在不需要耗尽企业财务资源的条件下，企业销售所能够增长的最大比率。"

　　从方法上，学者们也进行了一系列的探索。

　　AHP 是最常用的方法之一。根据工业企业可持续发展的内涵和系统学的观点，采用层次分析法对工业企业可持续发展进行评价，结合层次分析法原理构建出工业企业可持续发展指标体系。该体系分为 A、B、C 三层，A 为准则层，是工业企业可持续发展的总体能力；B 为指数层，是 A 层下各

---

① 唐勇. 工业企业可持续发展评估的研究 ［D］. 上海：上海理工大学，2000.

② 谢朝阳. 基于抽样调查的规模以下工业可持续发展研究 ［J］. 统计与决策，2016（1）：127 - 131.

③ 于磊. 收益的可持续性判断及应用 ［J］. 经济管理（全文版），2016（9）：217.

④ 王爱华，篡好东. 企业可持续发展指标体系研究 ［J］. 生态经济，2000（1）：17 - 20.

⑤ ［美］罗伯特·C. 希金斯. 财务管理分析 ［M］. 沈艺峰，等译. 北京：北京大学出版社，1998.

项发展指数；C 为分值层，是 B 层下的各项分值[①]。

尹子民等[②]创立了企业可持续发展的相关图分析法、动态图分析法和可持续发展度指标法来测定企业可持续发展的能力。通过绘制每个企业生存能力与成长能力的相关分析图，以及企业生存能力、成长能力和竞争力动态分析图，对企业的可持续发展状态作出定性分析和评价。通过计算同一时期每个企业的可持续发展度，可对企业可持续发展状态作出更加准确的定量分析。

崔勇等[③]采用主成分分析法对企业可持续发展进行评价，参考宏观可持续发展评价和现有的企业可持续发展评价体系，在传统的经济效益评价体系的基础上，以可持续发展理念和"三效益"原则为指导，引入社会效益指标和环境效益指标，构建了企业可持续发展指标体系。指标体系以企业可持续发展为目标层，以经济、社会、环境三个效益指标为准则层，再较为全面地列出各个分指标层，建立企业可持续发展评价指标体系。

高宏等[④]运用系统工程方法论设计了企业可持续竞争力评价指标体系，运用物元理论方法，建立了企业生存能力、企业战略决策与管理能力及企业可持续发展能力评价的物元模型。

除了上述理论界的研究，在实业界和政府部门，对企业可持续发展的研究值得提到的有三个：一是纽约证券交易所颁布的道·琼斯可持续发展指数（Dow Jones Sustainability Indexes，DJSI）。该指数根据经济、环境及社会三大体系的各项标准，由全球范围内 2500 家致力于可持续发展的公司中领先的 10% 构成。二是我国对企业可持续发展能力的探索，1999 年财政部等四部委联合颁布《国有资本金绩效评价操作细则》，首次将企业发展能力纳入

---

① 刘艳霞. 不同转型模式下的资源型企业可持续发展能力评价——基于变权层次分析法下的多案例研究［D］. 呼和浩特：内蒙古大学，2014.

② 尹子民，余佳群，刘振安. 企业可持续发展能力评价方法的探讨［J］. 山西财经大学学报，2003，25（1）：53 – 55.

③ 崔勇，段勇等. 企业可持续发展评价指标体系和评价方法的初探式［J］. 科学技术与工程，2005（4）：496 – 500.

④ 高宏，王雅瑾等. 企业可持续竞争力评价的物元模型（1）［J］. 上海交通大学学报，1999，33（10）：1261 – 1263.

评价体系。通过计算销售增长指标、资产增长指标、资本扩张指标，并辅以修正指标来测度企业的发展能力。三是全球报告倡议组织（Global Reporting Initiative，GRI）于 2000 年和 2002 年推出的《可持续发展报告指南》。旨在完善可持续发展报告的实务，使之能与财务报告的水平相媲美，从经济、环境和社会三个角度出发，报告企业的业绩，向利益相关团体披露企业用以管理和改善经济、环境和社会业绩的行动、这些行动的结果，以及未来的改进策略，可持续发展报告涵盖了环境报告、企业社会责任报告等内容而成为众多公司的首选。迄今已有 26 个国家的 200 多家企业以该指南为依据，编制可持续发展报告。

三、钢铁能耗研究综述

（一）能耗研究

改革开放近 40 年来，令人瞩目的经济增长给许多部门带来了巨大变化。能源部门以相对低的成本且总体充足的能源供给支撑了经济的快速发展，在此过程中形成了世界上最大的煤炭工业、世界第二大石油市场和年发电增幅居世界前列的电力行业，而工业部门的能源消费一直占据全国总能源消费的 70% 左右[①]。而在工业部门内部，能源消费又明显集中于以制造业为中心的高耗能行业。根据《中国能源统计年鉴》提供的资料进行计算分析，自 20 世纪 90 年代中期以来，我国产生了黑色金属冶炼及压延加工业、非金属矿物制造、化学原料及制品制造、石油加工及炼焦、有色金属冶炼及压延加工业、电力蒸汽热水生产、煤炭采选、石油加工和天然气开采、纺织、造纸 10 个高耗能行业[②]。国内的需求和工业产值决定了能源消耗量在不同行业的

---

① 陈芳. 产业集聚对我国能源消耗的影响——基于省级面板数据的研究 [J]. 软科学, 2016, 30 (2): 112 - 116.

② 戴子刚. 产业结构变化对能耗强度影响的实证研究 [J]. 生态经济, 2011 (11): 105 - 107.

分布，能量的消耗和产业结构又决定了行业的能耗和排放，研究工业中不同行业的能源消耗分布和排放对优化产业结构和节能减排有重要的导向作用。

依据大部分发达国家的发展历史，工业化使得能源急剧消耗，而且这种消耗会伴随着发展阶段的不同而产生量和质的变化。当前我国发展正处于一个承上启下的关键阶段，不管是企业角度还是整个能源消耗层面，相关研究都显得尤为重要。目前，用于工业能源消耗研究的方法是以传统建模技术为基础，以处理平稳经济序列的方法处理时间经济序列，或者忽视了直接能源消耗之外的间接能源消耗。基于以上两点研究工业企业能源消耗的传统方法，在详细阐述本书的研究思路及建模方法之后，从经济时间序列数据的非平稳和非线性特性角度出发，运用面板数据建立数学模型，应用协整理论对行业能源消耗进行建模与分析，对整个钢铁行业的能耗进行研究，解释能源消耗的特征以及相应的预警方法。

1. 工业能源消耗

我国高耗能行业能耗约占工业能耗的 83%，占能源消费总量的 59%，从工业行业内部结构看则占能源消费量的 81%，一直是我国能源消费的主体。其中，黑色金属冶炼及压延加工业占 25%，化学原料及制品制造业占 15%，这些行业能源消费变动对总能耗变动起着决定性作用。而高能耗行业增加值却只贡献工业增加值的 44%，贡献 GDP 的 46%[①]。通过研究 10 个高耗能行业能源消费的变动特征，可以基本把握整个工业部门能源调整的方向。

《2016 年国民经济和社会发展统计公报》（以下简称《公报》）显示，初步核算，我国 2016 年全年能源消费总量为 43.6 亿吨标准煤，比 2015 年增长 1.4%。其中，煤炭消费量下降 4.7%，原油消费量增长 5.5%，天然气消费量增长 8%，电力消费量增长 5%。煤炭消费量占能源消费总量的 62%，比 2015 年下降两个百分点；水电、风电、核电、天然气等清洁能源

---

① 黄小希. 我国高耗能行业能耗约占工业能耗 80% ［N］. 中国贸易报，2010－12－20.

消费量占能源消费总量的 19.7%，上升 1.7 个百分点。

《公报》显示，2016 年全国万元国内生产总值能耗下降 5%。其中，工业企业吨粗铜综合能耗下降 9.45%，吨钢综合能耗下降 0.08%，单位烧碱综合能耗下降 2.08%，吨水泥综合能耗下降 1.81%，每千瓦时火力发电标准煤耗下降 0.97%。

在能源生产方面，2016 年我国一次能源生产总量为 34.6 亿吨标准煤，同比下降 4.2%；原煤产量为 34.1 亿吨，同比下降 9%；原油产量为 19968.5 万吨，同比下降 6.9%；天然气产量为 1368.7 亿立方米，同比增长 1.7%。

2016 年全年发电量为 61424.9 亿千瓦时，同比增长 5.6%。其中，火电发电量为 44370.7 亿千瓦时，同比增长 3.6%；水电发电量为 11933.7 亿千瓦时，同比增长 5.6%；核电发电量为 2132.9 亿千瓦时，同比增长 24.9%。

2016 年末全国发电装机容量为 164575 万千瓦，比 2015 年末增长 8.2%。其中，火电装机容量为 105388 万千瓦，增长 5.3%；水电装机容量为 33211 万千瓦，增长 3.9%；核电装机容量为 3364 万千瓦，增长 23.8%；并网风电装机容量为 14864 万千瓦，增长 13.2%；并网太阳能发电装机容量为 7742 万千瓦，增长 81.6%。

"十二五"期间，我国以能源消费年均 6.6% 的增速支撑了国民经济年均 11.2% 的增长，能源消费弹性系数由"十一五"时期的 1.04 下降到 0.59，节约能源 6.3 亿吨标准煤。2015 年，全国化学需氧量和二氧化硫排放总量分别控制在 2347.6 万吨、2086.4 万吨，分别比 2010 年的 2551.7 万吨、2267.8 万吨各减少 8%，分别新增削减能力 601 万吨、654 万吨；全国氨氮和氮氧化物排放总量分别控制在 238 万吨、2046.2 万吨，分别比 2010 年的 264.4 万吨、2273.6 万吨各减少 10%，分别新增削减能力 69 万吨、794 万吨。2015 年，单位 GDP 能耗下降 5.6%，工业能耗明显下降，发展持续提升[1]。

---

① 赵海龙. 工业能耗明显下降　发展质量持续提升 [N]. 开封日报，2016 - 10 - 20.

目前用于工业能源消耗研究的方法是以传统建模技术为基础，以对平稳经济序列处理的方法处理时间经济序列和忽视直接能源消耗之外的间接能源消耗。

2. 钢铁行业能耗

钢铁工业是我国的支柱性产业之一，在我国经济发展中的地位十分重要。随着我国钢铁工业持续快速发展，钢铁生产总量持续上升，重视钢铁能耗能降低经济发展成本。中国钢铁工业能源消耗量大，占全国总能耗的15%左右。当前钢铁行业受到科学技术手段的限制，生产过程相对粗放，在控制污染和降低能耗、提高资源使用率等方面还存在一定的不足。与发达国家相比，差距为10% ~ 15%，主要表现在用能结构、技术装备结构、生产工艺技术、产品结构、铁钢比（世界平均铁钢比为0.7左右，除中国以外为0.56，中国为0.94）和电炉钢比、各能源介质折表煤系数、能源统计范围和计算方法等上。我国钢铁行业在节能减排工作上有很大提升空间。

（1）产业集中度低。中国有800多家钢铁企业，重点钢铁企业105家，钢产量占全球82.06%，产业集中度较低，流程不规范，能耗二次利用不充分，致使能耗较高。

2016年，宝钢、武钢重组成立了宝武集团，产业集中度有所提高，扭转了产业集中度连年下降的趋势。通过规模生产，降低了综合能耗，不过目前产业集中度仍处于低位，有很大的提升空间。产业集中度成为钢铁行业产业经济研究的热点和产业政策规划的重要内容。我国钢铁行业正处于产业成长前期，产业集中度各项指标仅相当于其他钢铁强国30% ~ 50%的水平[1]。

（2）生产过程能耗高。以往研究钢铁行业的生产流程发现[2]，在钢铁生产中，炼铁作为能耗和成本的主要工序，一直是各生产企业节能降本的工作

---

[1] 片峰，栾维新，李丹，等. 我国钢铁行业产业集中度问题研究 [J]. 经济问题探索，2014 (10)：70 - 75.

[2] 刘宏强，张福明，刘思雨，等. 首钢京唐钢铁公司绿色低碳钢铁生产流程解析 [J]. 钢铁，2016 (12)：80 - 88.

重点。随着社会对环境保护要求的日益严格，污染物排放的控制成为炼铁生产新的任务。由于高炉工艺仍是世界上最主要的炼铁工艺流程，国外各国围绕高炉炼铁工艺开展了大量富有成效的节能减排工艺和技术的开发，主要包括烧结烟气循环工艺、高炉复合喷吹工艺、恒湿鼓风、高炉混喷钛矿护炉、入炉有害元素的控制、粉尘循环利用工艺、炉渣显热利用研究、烧结制粒工艺改进等。

烧结工序能耗占钢铁企业生产能耗的 12%，是仅次于高炉炼铁的第二大耗能工序。其中，烧结机主烟道烟气余热占烧结工序能耗的 13%～25%，冷却机（环冷机、带冷机）废气余热占 19%～35%。这两部分余热中，冷却机废气余热主要用于热风烧结、热风点火、热风保温、蒸汽锅炉及发电。其中，我国在环冷机余热发电技术和主体设备方面已实现国产自主化，应用趋于成熟。国内在烧结机主烟道烟气余热的回收利用方面还是空白，与发达国家差距较大。为充分利用烟气余热，日本、德国开发了烧结废气余热循环利用工艺，主要有 SVAI 开发的选择性烧结废气循环及余热回收发电技术、德国 HKM 钢铁公司烧结废气循环利用技术等。这些技术利用了烧结主烟道废气显热、烟气中 CO 的化学热，使工序能耗降低 5% 以上，同时减少外排废气总量 20% 以上，减少二噁英类持久性有机污染物排放量 30% 以上，实现了节能、低碳、减少有毒有害污染物（SO_2、NO_x、二噁英、PAHs 及重金属）排放的三重目的。

（3）能源消耗结构较单一。能耗以煤和焦炭为主，在烧结工序能耗中，燃料消耗占 75%～80%。大量的煤和焦炭消耗导致钢铁企业成为我国重要的大气污染物排放行业之一，对我国钢铁行业大气污染物控制政策制定、改善钢铁产业结构和社会稳定发展具有重要意义[①]。

（二）钢铁行业可持续发展

我国钢铁行业经过近 10 多年的快速发展，在技术进步和结构调整等方

---

① 赵羚杰. 中国钢铁行业大气污染物排放清单及减排成本研究［D］. 杭州：浙江大学，2016.

面都取得了令人瞩目的进步。但钢铁行业对煤炭资源依赖性强，核能、太阳能等新资源利用亟待提高。废水排放占全国工业废水总排放量的 8.53%，粉尘排放总量占我国工业粉尘排放总量的 15.18%[①]，二氧化碳排放量占全国的 9.2%，固体废弃物排放占全国工业总排放量的 17%，二氧化硫排放占全国总排放量的 3.7%，与世界先进水平相比仍有很大差距[②]。随着低碳经济的提出，钢铁行业面临更加严峻的形势。加快产业结构优化、调整能源消费结构是解决能源问题、发展低碳经济的有效之策[③]。

中国承诺 2020 年单位 GDP 二氧化碳排放比 2005 年下降 40% ~ 45%[④]，"十三五"规划中也将发展低碳经济作为一项重要工作。因此，建立一种发展钢铁工业的新模式，实现资源与环境协调友好发展为当前行业的市场需求。

1. 国外优秀钢铁能耗分析

国外产钢国家主要为英、日、法、德，其中，优秀的钢铁能耗国家是德国和日本。

（1）德国。

德国是世界上最早开展循环经济实践的发达国家。"循环经济"一词于 1996 年正式出现在德国颁布的《循环经济和废弃物管理法》中。相应地，德国钢铁工业也迅速作出了重大调整，主要体现在德国钢铁界向德国科技部提出的钢铁工业可持续发展方案上。

德国钢铁工业循环实践的举措包含以下四个方面。

一是在材料和产品革新方面，为了同时满足相关环保要求和客户对高质量产品的需求，许多科研工作都致力于开发高强度钢，同时采用先进技术减

---

① 李小玲，孙文强，赵亮，等. 典型钢铁企业物能消耗与烟粉尘排放分析 [J]. 东北大学学报（自然科学版），2016（3）：352 – 356.

② 王宇航. 我国钢铁行业上市公司社会责任披露的评价体系研究 [D]. 成都：西南财经大学，2012.

③ 张文武. 基于行业数据的中国工业能耗研究 [J]. 统计与决策，2012（13）：112 – 114.

④ 胡澄清. 中水处理技术在钢铁工业中的应用 [J]. 科技资讯，2016，14（2）：70 – 71.

少钢材重量。

二是在开发新工业、简化或缩短生产流程方面，德国鼓励联合开发的模式。

三是在回收利用副产品方面，如炉渣、泥浆、粉尘等，德国制定了重新再利用的战略规划。德国每年生产大约 1300 万吨炉渣，包括高炉炉渣、转炉炉渣、电路炉渣和其他炉渣。其中，高炉炉渣的利用率达到了 100%，炼钢渣的利用率也超过了 90%。而且德国建立了炉渣研究所，一直在进行扩大炉渣使用范围的研究。

四是严格规定"三废"排放标准。德国规定冶金企业不得向外排放污水，工业污水处理标准也细化到化学含氧量和废水中来源于冶炼及其后过程的重金属元素，强调工艺水的广泛流通以及污水和地表水的利用。德国现已建成了钢厂特殊用水污染控制和水资源保护系统。而德国钢铁工业产生的废气需经过一次除尘、二次除尘，甚至是三次除尘才能被投入循环使用。

（2）日本。

日本钢铁行业针对钢铁整个生产流程与节能减排有关的生产环节进行研究，开发和利用了一大批节能减排和资源循环再生利用的技术，全方位降低钢铁生产过程中的资源和环境负荷，取得了显著的成绩。例如，日本不锈钢厂开发完成的"煤炭式熔融还原法"，是一种灰尘在不锈钢厂中的再循环利用技术，对灰尘中高价合金元素和无用尘灰加以分离与还原后，再用于不锈钢水冶炼，可有效回收镍、铬、铂等贵合金元素。另外，日本不锈钢厂研发的除尘灰再循环利用技术在冶炼不锈钢水的转炉顶上安装一种热旋式旋转分离装置，利用不同灰尘比例和粒度差异，在高热下从转炉顶上将合金元素加以捕集回收，并在回收和称重后投入下一炉次，不仅可直接减少 25% 的炉顶灰尘量，减少后续灰尘处理量，而且回收的合金元素直接再投入转炉中，炉温不会降低，损耗也小。

日本钢铁企业大多通过合资控股等形式，积极引入环保协作单位，利用环保协作单位的技术，消化企业产生的污染物和废弃物，成为相互依存的共同体。例如，新日铁铁源公司由新日铁控股，主要负责新日铁八幡厂的酸再生，从废盐酸中提取氧化铁制成永磁材料对外销售，提纯盐酸返销给新日铁；新日铁入江公司负责新日铁八幡厂的钢渣处理以及废液回收，从钢渣和废液中提取有用的物质，如铁、镍、铜等。引入环保协作单位不仅可以直接利用专业成熟的技术，有效地解决企业的环保问题，产生非常好的效益；而且还减少了公司的前期投资，且不占用企业的人力资源，一举数得，是一种很好的组织形式。

2. 我国钢铁行业可持续发展措施

（1）行业规模化发展。由于地区间钢铁行业发展存在显著差异，因此，准确测度各地区钢铁行业的能源效率和节能减排潜力，是合理分配节能减排目标的重要依据；而深入研究钢铁行业节能减排的关键影响因素及其作用机理，则是制定和实施有效节能减排措施的关键①。分析钢铁生产过程中的碳足迹，将钢铁生产中产生碳排放的过程分为化石能源的燃烧、化学反应和电力消耗三部分，并用 IPCC 指南中的方法根据《中国统计年鉴》中公布的钢铁行业能源消耗的数据对这三部分的碳排放进行了计算。通过分析我国钢铁行业碳排放的数据，得出钢铁行业生产过程中碳排放的主要因素②。

对中国现阶段钢铁行业的背景和国际钢铁行业发展趋势及中国钢铁行业现状研究发现，钢铁行业发展战略管理一体化、多工序一体化和生产计划综合集成是今后发展的主要趋势。国内外大量企业并购③，一体化生产计划应用效果显著④。

对我国钢铁行业 28 个省份的全要素能源效率（Total Factor Energy Efficiency，TFEE）的变化进行 DEA 的非参数分析，并按七大经济区对我国钢铁行业全要素能源效率的区域差异和节能潜力进行分析。目前，我国钢铁行

---

① 雷华卫. 我国各地区钢铁行业能源效率及节能减排潜力分析 [D]. 广州：暨南大学，2013.

② 侯玉梅，梁聪智，田歆. 我国钢铁行业碳足迹及相关减排对策研究 [J]. 生态经济，2012 (12)：105－108.

③ 曾燕云. 我国钢铁行业整合模式探讨 [D]. 上海：上海师范大学，2010.

④ 郑秉霖，胡琨元，常春光. 一体化钢铁生产计划系统的研究现状与展望 [J]. 控制工程，2003 (1)：6－10.

业能源利用效率提高的潜力巨大；能源调整量主要集中在中部、大西南、大西北三大经济区；我国钢铁行业的全要素能源效率与区域经济的发展水平呈现"U"型关系，钢铁行业规模递增效应对钢铁行业全要素生产率的促进作用在集约型扩张阶段才能凸显出来①。

（2）加快先进技术的使用。流程型智能制造、网络协同制造、大规模个性化定制、远程运维等智能制造新模式在钢铁行业内得以应用②。墨西哥的 Tamsa 钢厂第一个安装和使用了 EFSOP 系统，该厂还同时安装了一套 KT 技术与之配套。EFSOP 技术由水冷探针、气体分析系统、监控和数据处理系统及实时在线的二次燃烧控制系统组成，对电炉废气进行不间断的检测。该技术能够提高化学能效率，降低转化成本，并通过对电炉进行连续分析的工艺控制使安全得到改善。两套技术的合并使用使该厂在节能和生产成本方面大大受益。

（3）优化钢铁生产物流图。在钢铁生产流程中，物流对能耗具有重要的影响。为在整体上实现钢铁生产流程的节能减排，围绕解决对应的关键科学问题"钢铁生产流程物流—能流—环境作用机理及其多目标集成优化理论"，在工序模块、单体组件和功能子系统层面开展了前期研究，为实现全流程仿真和优化奠定了基础。主要包括：提出绝热过程火积耗散极值原理，对等温和对流辐射传热边界条件下 6 种不同形状的加热炉绝热层进行构形优化，得到整体绝热性能最优的绝热层构形；以"广义构形优化"理论，将火积理论引入板坯连铸凝固传热过程的研究中，分别考虑热损失率和火积耗散率目标，得到同时兼顾板坯内部温度梯度和表面温度梯度的二冷区水量分配最优构形③。

从基准物流图的概念入手，详细分析了产品能耗、钢铁联合企业产品能

---

① 史红亮，陈凯. 我国钢铁行业全要素能源效率实证分析——基于省际面板数据 [J]. 经济问题，2011（9）：86–90.

② Pierce J C，Steel B S. Background：Energy Use，Capacity，and Policies [M]. Springer International Publishing，2017.

③ 陈林根，冯妍卉，姜泽毅，等. 钢铁流程系统的能耗排放特征及其广义热力学优化 [J]. 科技创新导报，2016（29）：183–184.

耗的统计计算方法、支物流的处理办法。弥补和完善了以吨钢综合能耗为核心的能源管理指标体系，实现了对含铁物流的管理①。分析了含铁物料在实际钢铁生产流程各工序中可能发生的流动情况，说明了根据实际生产流程构筑基准物流图的方法，构造了计算偏离基准物流图的各股物流对能耗影响的分析表，并给出了计算公式及其计算步骤②。分析了偏离基准物流图的各股物流对吨材能耗和吨钢能耗的影响，以某钢厂生产数据为例，分析了生产流程的物流对能耗的影响③。以唐钢年均生产数据为例，分析了钢铁生产流程的物流对能耗和铁耗的影响。向中间工序输入废钢，可同时使吨材能耗和吨材铁耗降低；流程中途向外界输出含铁物料，可同时使吨材能耗和吨材铁耗上升；含铁物料在某一工序内部循环，或者在工序之间循环，不影响吨材铁耗，但会使吨材能耗上升④。

（4）有效利用二次能源。钢铁工业的二次能源主要有三类：各种副产煤气；余热、余能（余压）；废钢铁。国际上主要产钢国家的二次能源产生量占其钢铁工业一次能源消耗的40%～50%，其中，各种副产煤气（焦炉煤气、高炉煤气和转炉煤气）占绝大多数，据日本统计为36%左右。

在余热、余能利用上，日本新日铁公司的余热、余能回收率达92%以上，其企业能耗费用占产品成本的14%。我国比较先进的企业，如宝山钢铁股份有限公司的余热、余能回收率为68%，其能源费用占产品成本的21.3%。而大多数钢铁企业的余热、余能回收率则低于50%⑤，能源费用占产品成本的30%以上。

---

① 周庆安，戴坚，汤晓帆. 钢铁生产流程的物流理论在冶金能源管理中应用 [Z]. 中国云南昆明，2004，3.

② 于庆波，陆钟武，蔡九菊. 钢铁生产流程的物流对能耗影响的表格分析法 [J]. 东北大学学报，2001 (1)：71 – 74.

③ 陆钟武，蔡九菊，于庆波，等. 钢铁生产流程的物流对能耗的影响 [J]. 金属学报，2000 (4)：370 – 378.

④ 陆钟武，戴铁军. 钢铁生产流程中物流对能耗和铁耗的影响 [J]. 钢铁，2005 (4)：1 – 7.

⑤ Zhang X, Bai H, Hao J, et al. *Waste Energy Recovery Technology of Iron and Steel Industry in China* [J]. *Energy Materials*，2017：3 – 15.

四、预警方法

节能降耗预警机制于 2008 年发源于山东聊城，2008 年北京举行奥运会，并由山东聊城推向全国。作者研究大量 2013 —2017 年钢铁行业能耗预警的相关文献发现，能耗预警主要从两方面进行：一是对能耗总量变化趋势进行分析，规律性较强，通过能耗总量时间序列变化规律预测能耗总量再计算相应的能耗增速，并根据对工业增加值增速的预测，计算单位工业增加值能耗降幅；二是以影响节能成效的三个主要因素（技术因素、管理因素和结构因素）为依据直接预测能源利用效率的变化情况。而作者会在此基础上，整理一套更加符合当前环境的能耗预警机制，提高钢铁行业的能源利用率。

（一）能耗总量预警

中国钢铁工业（China Iron and Steel Industry，CISI）的能源消耗与二氧化碳排放状况紧密相连，钢铁行业占工业活动二氧化碳排放的 15% ~17%。

准确预测吨钢综合能耗，有利于制定节能方针和减少能源浪费。根据我国钢铁工业吨钢综合能耗历史数据，利用基因表达式编程（Gene Expression Programming，GEP）算法[1]构建吨钢综合能耗预测模型。将吨钢综合能耗进行等间隔时序化、函数表达式符号化，在终端集中添加常量数组，利用选择操作、变异操作、重组操作和移项操作进行遗传操作，获得吨钢综合能耗预测模型。结果表明，基于 GEP 的预测值与实测值平均误差为 0.31，该模型能较准确地预测我国钢铁工业吨钢综合能耗发展趋势[2]。

结合碳排放盘查方法研究对钢铁行业的碳排放情况加以计算，建立钢铁

---

[1] Zhang L P, Tang Q H, Floudas C A, et al. *A Novel Prediction Model of Integrate Energy Consumption Per Ton Crude Steel Using Gene Expression Programming* [M]. Atlantis Press, 2016.

[2] 张利平，唐秋华，C A Floudas，等. 面向吨钢综合能耗预测的基因表达式编程方法 [J]. 机械设计与制造，2017（2）：176 –179.

行业碳核算体系[①]。分析了能源消耗与二氧化碳排放的节能过程和主要影响因素，主要以 BF – BOF 路线采用煤炭作为主要能源是造成 CISI 高能耗和二氧化碳排放的主要因素。对 1980 年开始节能至今的直接节能和间接节能进行了分析比较、节能潜力分析。为了比较不同工程的能源使用情况，提高能源效率，讨论了不同分析系统的能源消耗和二氧化碳排放指标[②]。基于经济投入产出生命周期，评估研究中国钢铁工业二氧化碳排放量[③]。通过碳减排外部性的情景仿真模型，在不同的技术进步与碳减排外部性情境下，模型综合考虑了节能减排技术对行业、地区碳排放的影响，设计锁定、成长和促进三种碳减排情景，预测钢铁行业的碳排放总量与碳减排潜力[④]。依据统计年鉴计算得出相关统计数据，采用 PLS 统计分析方法的结构方程模型进行假设检验[⑤]。

对规模以上工业能耗总量、增速及增加值增速变化规律进行分析，并深入探讨高耗能行业变动对能耗增速及能源利用效率的影响[⑥]。

把钢铁行业能源消耗总量的变动分解为钢铁行业的经济增长效应和钢铁行业能源强度效应，使用 Laspeyres 指数分解模型研究发现：钢铁行业经济增长与能源消耗总量实现了相对脱钩；钢铁行业能耗强度的下降将主要依赖于各经济区先进生产技术的扩散和产能结构在各经济区之间的调整[⑦]。

通过纳入副产品流向和流量，使拓展后的企业投入产出模型能够更全面

---

①　张蕊娇，刘振鸿. 中国钢铁行业 CO_2 排放核算 ［J］. 中国人口·资源与环境，2012（2）：5 – 8.

②　Qi Z, Yu L, Yinghua S, et al. *Energy Saving and CO_2 Emission Reducing Analysis of Chinese Iron and Steel Industry* ［M］. Springer International Publishing，2015.

③　Li L, Lei Y, Pan D. *Study of CO_2 Emissions in China's Iron and Steel Industry Based on Economic Input – Output Life Cycle Assessment* ［J］. *Natural Hazards*，2016，81（2）：957 – 970.

④　刘贞，蒲刚清，施於人. 钢铁行业碳减排情景仿真分析及评价研究 ［J］. 中国人口·资源与环境，2012（3）：77 – 81.

⑤　毕克新，王禹涵，杨朝均. 创新资源投入对绿色创新系统绿色创新能力的影响——基于制造业 FDI 流入视角的实证研究 ［J］. 中国软科学，2014（3）：153 – 166.

⑥　池照. 规模以上工业能耗监测预警研究 ［J］. 统计科学与实践，2013（3）：41 – 43.

⑦　史红亮，陈凯. 我国钢铁行业能源消费的分解分析 ［J］. 技术经济与管理研究，2011（6）：100 – 104.

地反映生产流程中各种物质流和能流的相互作用，也能更准确地求出各产品的能值和总能耗。在此基础上，结合敏感性分析，建立了最终需求量和技术系数两类因素变化对总能耗影响的数学关系，从而找到工业生产流程中影响能耗最关键的因素。计算分析湘钢的产品能值和总能耗结果表明：总能耗的90%以上来源于化石燃料，来源于外购物料的上游能耗不足10%；副产品回收利用能减少62.5%的总能耗；焦炉对洗精煤的单耗、高炉焦比、转炉的铁水单耗、含铁物流的利用效率和高炉的技术优化（烧结矿单耗和煤气产率）对能耗影响最为显著[1]。

（二）主要节能因素预警

1. 国际横向对比分析

基于产业国际竞争力的四层次观点，构建了钢铁行业国际竞争力的评价指标体系[2]。在该体系的基础上，选择世界上主要的6个钢铁生产大国与我国钢铁行业进行对比，尝试采用理想解和灰色关联度相结合的组合评价方法[3]，分析各国钢铁行业的国际竞争力，寻找我国钢铁行业目前的优势和劣势，以提高我国钢铁行业的国际竞争力[4]。将多级投入产出法应用到钢铁企业，建立了评价指标体系，从多层次、全方位的角度来测算企业的能耗情况[5]。

2. 行业对比分析

将1996—2011年中国工业部门36个子行业的能源消耗量作为研究对

---

① 廖胜明，刘晓浚，饶政华. 基于投入产出模型的生产流程能耗敏感性分析 [J]. 同济大学学报（自然科学版），2017，45（3）：427 – 433.

② 刘晓浚，廖胜明，饶政华，等. *A Process-level Hierarchical Structural Decomposition Analysis (SDA) of Energy Consumption in an Integrated Steel Plant* [J]. *Journal of Central South University*, 2017, 24（2）：402 – 412.

③ Hao P，Yang J F. *An Improved Association Algorithm in Enterprises Consumption Warning* [M]. Springer Berlin Heidel-berg，2013.

④ 陈立敏，杨振. 我国钢铁行业的国际竞争力分析——基于灰色关联度和理想解法的组合评价 [J]. 国际贸易问题，2011（9）：3 – 13.

⑤ 申银花，张琦. 钢铁企业能耗分析模型的建立及应用 [J]. 冶金能源，2014（2）：3 – 8.

象，运用对数平均迪氏指数（LMDI）分解法将能源消耗增长量分解为规模效应、结构效应和技术效应三大效应。研究结果表明，规模效应是这一阶段我国能源消耗量增加的主要因素，与我国所处的发展阶段及出口大国的状况符合；技术效应是降低能源消耗量的主导因素，贡献率为 131.52%；结构效应对能源消耗量的下降发挥了一定的作用，这与采用行业细分的价格指数对 36 个子行业的增加值数据进行调整有关。最后，根据研究结果提出了相应的政策建议[1]。

3. 技术对比分析

技术层面的节能减排是研究最为集中的领域，有的研究是直接针对节能减排技术开展的。例如，选取钢铁行业的 22 项节能减排措施，评估和比较了各项措施的减排潜力、减排成本和协同效益，力图得到钢铁行业减排的最优路径。研究结果表明，基于 2012 年的钢铁产量和生产结构，我国钢铁行业的技术减排潜力约为 146.8 兆吨 CO_2、314.2 千吨 SO_2、265.7 千吨 NO_x 和 161.5 千吨 PM10，分别占钢铁行业 2012 年总排放量的 9.7%、13.1%、27.3% 和 8.9%；如果考虑节能收益，有 10 项措施具有经济可行性，累积减排潜力约为 98.0 兆吨 CO_2、210.0 千吨 SO_2、211.0 千吨 NO_x 和 89.0 千吨 PM10；如果综合考虑节能收益和协同效益，有 14 项措施具有经济可行性，累计减排潜力约为 123.4 兆吨 CO_2、264.0 千吨 SO_2、234.0 千吨 NO_x 和 130.0 千吨 PM10[2]。

循环经济效率是我国钢铁行业循环经济发展程度的合适测度。结合循环经济的内涵和钢铁行业的特点构建钢铁行业循环经济效率的评价指标体系，在此基础上采用数据包络模型对我国钢铁行业 2006—2010 年的循环经济综合效率、规模效率和技术效率进行测算与衡量，同时采用 Malquist 指数分解

---

① 张国凤，何炼成，杨煜. 中国工业能耗变动的主导因素分析 [J]. 开发研究，2015（4）：24-28.

② 马丁，陈文颖. 中国钢铁行业技术减排的协同效益分析 [J]. 中国环境科学，2015（1）：298-303.

和 DEA 方法①对我国钢铁行业循环经济效率的变迁进行动态评价。结果显示，自 2006 年以来我国钢铁行业循环经济综合效率在平稳中有所上升，其中，规模效率的贡献大于纯技术效率的贡献。影响我国钢铁行业循环经济效率变迁的主要因素在于技术进步的变动②。

在此基础上的进一步研究通过对能源效率已有研究成果的系统分析，基于全要素能源效率的概念和"多投入—多产出"框架，借鉴基于松弛的非径向、非角度的 SBM 模型和 Luenberger 生产率指数，构建了考虑环境污染因素的全要素能源效率变动指标测度模型③。

另有一部分研究是针对已有技术的节能减排效果进行的分析。例如，袋式除尘技术作为除尘领域除尘效率高、结构简单、运行投资低的烟气净化技术，在钢铁行业生产工艺除尘中得到了广泛应用。而滤料是决定除尘器净化效果的主要部件。针对钢铁行业生产工艺除尘超净排放用滤料特性进行试验，进行的主要研究工作如下：对钢铁行业常用滤料进行可靠性测试研究；参照国家和行业标准对钢铁行业现有的涤纶毡、涤纶机织布、抗静电和耐高温 4 类 18 种滤料进行了力学性能、耐温性能、耐腐蚀性能的测试研究④。

同时，另有一部分研究是针对整体性的技术体系进行的。通过钢铁行业工艺技术体系模拟，结合自底向上建模方式构建行业节能减排潜力分析模型，评估 2020 年钢铁行业节能、水污染减排、大气污染减排的潜力与主要途径，并且分析行业结构调整和先进技术应用的协同节能减排效果，制定相应的技术政策⑤。

为深入分析钢铁企业能耗影响因素，深刻挖掘钢铁企业节能潜力，从两

---

① Blum H. *The Economic Efficiency of Energy-consuming Equipment：A DEA Approach* [J]. *Energy Efficiency*, 2015, 8 (2)：281 - 298.

② 王俊岭，戴淑芬. 基于 DEA - Malquist 指数的我国钢铁行业循环经济效率评价 [J]. 河北经贸大学学报, 2014 (2)：78 - 82.

③ 刘鸿杰. 环境约束下钢铁行业全要素能源效率及影响因素研究 [D]. 北京：华北电力大学, 2014.

④ 李清. 钢铁行业生产工艺除尘超净排放用滤料特性的试验研究 [D]. 上海：东华大学, 2016.

⑤ 张晨凯. 工业节能减排潜力与协同控制分析 [D]. 北京：清华大学, 2015.

个方面提出了分析运行阶段能耗影响因素的方法：一方面从物质流、能量流和设备状态角度考虑；另一方面从热平衡角度考虑。分析结果表明，运行共分为 12 个影响因素，从而形成 12 条节能途径：原料质量、燃料质量、产量、产品性能、设备状态、装备水平、界面处工序间的衔接情况、排放率、排放物温度、排放物压力、排放物热值与产品结构。目前所提出的节能措施均可对应到以上 12 个影响因素中去，这为在生产实践过程当中寻找节能措施指明了方向。同时，提出了钢铁企业能耗分析的新方法与能耗计算公式，丰富了钢铁企业能耗分析与计算理论[1]。

为了准确预报我国钢铁工业未来的生产结构、能耗和排放情况，构建了钢铁生产、加工、消费、折旧的全生命周期模型和基于人均钢铁存储量的产量预测模型，结合工序能耗和排放特征，针对基准、折旧寿命延长、废钢回收率提升、能源效率提高及综合五种情景进行了情景预测。中国钢铁产量、能耗和排放会历经一个峰值后下降，电炉短流程会逐渐替代高炉长流程成为主流。流程结构转变是未来中国钢铁行业节能减排的关键"红利"，而节能技术的作用在后期越发凸显。中国钢铁行业要达到 2050 年减排一半的目标，需结合综合情景实施生产结构调整、废钢回收、节能减排技术推广[2]。

为在整体上实现钢铁生产流程的节能减排，该研究围绕解决对应的关键科学问题"钢铁生产流程物流—能流—环境作用机理及其多目标集成优化理论"[3]，系统分析了吨钢综合能耗、吨钢可比能耗及工序能耗等指标的计算方法和主要特点，重点阐述了其中的不可比因素及存在的弊端。根据能源的精细化管理需求，提出了以吨材能耗、修正工序能耗、重要耗能单元能耗及能耗影响关键因子为核心的层次化能耗指标体系，可解决传统综合能耗指标因产品结构差异和以中间产品为计算单元导致的不可比。同时，将原料和产品的有效载能量纳入工序能耗的计算，使修正工序能耗指标更加科学合

① 陈光，李玲云，丁毅. 钢铁企业系统能耗影响因素分析 [J]. 钢铁，2014 (4)：86 - 89.
② 汪鹏，姜泽毅，张欣欣. 中国钢铁工业流程结构、能耗和排放长期情景预测 [J]. 北京科技大学学报，2014 (12)：1683 - 1693.
③ 陈林根，冯妍卉，姜泽毅. 钢铁流程系统的能耗排放特征及其广义热力学优化 [J]. 科技创新导报，2016 (29)：183 - 184.

理，并将指标细化，有利于能耗评估的精细化，也为企业挖掘节能潜力、探寻低能效生产环节提供了参考①。

加热炉是钢铁工业的重要能耗设备，结合加热炉的热工理论构建了一套包含加热炉能耗、生产、状态和环境四个方面的指标体系，并基于层次分析法（Analytic Hierarchy Process，AHP）研究了加热炉能效评估②。

基于某厂蓄热式板坯加热炉，通过现场测量、理论计算和燃烧模拟相结合的方法，从理论计算的角度定量分析研究装钢温度、蓄热体蓄热能力及炉体保温三个因素对加热炉能耗和炉内燃烧的影响。研究结果表明，该加热炉每小时的额外热损耗占燃料供热量的 4.29%，且当燃料供应量相同时，装钢温度的提高和空煤气预热温度的提高，均能提高燃烧温度，从而达到节能的目的。通过上述的计算，为某厂蓄热式加热炉的节能降耗实践提供了理论依据和指导③。

针对机加工过程中的能量消耗，将机加工过程的能耗分为固定能耗、空载能耗和切削能耗三个部分，推导构建一类机加工过程的能耗估算模型④，并通过实验完成能耗模型参数的确定。最后以实际铣削加工案例分析表明，在给定工艺参数的情况下，该模型能够较为准确地计算机加工过程中的能耗，为后续的工艺参数优化及工艺决策奠定基础⑤。

---

① 徐海伦，潘国友，邵远敬，等. 钢铁生产能耗评估指标分析 [J]. 冶金能源，2017（2）：3 – 7.

② 陈旺，凌卫青，戴毅茹. 钢铁工业加热炉能效评估系统研究与实现 [J]. 电脑知识与技术，2017（2）：210 – 212.

③ 杨丽琴，孙林，丁美良. 蓄热式加热炉能耗的影响因素分析 [J]. 冶金能源，2017（1）：34 – 37.

④ Camposeco – Negrete C，de Dios Calderón Nájera J，Miranda – Valenzuela J C. *Optimization of Cutting Parameters to Minimize Energy Consumption During Turning of AISI 1018 Steel at Constant Material Removal Rate Using Robust Design* [J]. *The International Journal of Advanced Manufacturing Technology*，2016，83（5 – 8）：1341 – 1347.

⑤ 徐立云，邓伟，高翔宇. 机加工过程一类能耗估算模型 [J]. 同济大学学报（自然科学版），2015，43（9）：1367 – 1372.

4. 战略对比分析

我国钢铁生产流程中二氧化碳的排放量居高不下。在经济下行压力的加剧、产能严重过剩、能源结构亟待调整以及技术水平日趋进步的背景下，中国钢铁生产三项减排情景的能源消耗和二氧化碳排放量分析长期战略[①]、现代钢铁生产技术和可能的发展方式[②]、基于混合整数线性规划（Mixed Integer Linear Programming，MILP）的钢铁工业产品气体优化配置[③]、量化中国钢铁生产实施节能措施的能源和环境效益[④]、一种用于优化钢铁工业产品气体的绿色混合整数线性规划模型[⑤]等行业发展战略方面的研究也不断涌现。

（三）生产物流预警

钢铁生产流程是一个典型的高温、离散和连续混合的物理化学变化过程，具有多因素、多工序、多工位、强耦合、非线性等特点。高能耗是钢铁冶炼生产的主要问题，开展节能降耗不仅有利于节约生产成本，也有助于实现低碳加工。钢铁生产物流能耗预测，可以为钢铁企业制定能源总体规划方案提供支撑作用[⑥]。在钢铁生产过程中，合理高效的生产调度对降低能耗和物耗、提高产品的品质、加快循环生产、降低生产成本有极其重要的意义；

---

① Karali N，Xu T，Sathaye J. *Developing Long-term Strategies to Reduce Energy Use and CO$_2$ Emissions — Analysis of Three Mitigation Scenarios for Iron and Steel Production in China* ［J］. *Mitigation and Adaptation Strategies for Global Change*，2016，21（5）：699 – 719.

② Gordon Y，Kumar S，Freislich M，et al. *The Modern Technology of Iron and Steel Production and Possible Ways of Their Development* ［J］. *Steel in Translation*，2015，45（9）：627 – 634.

③ Zhao X，Bai H，Shi Q，et al. *Optimal Distribution of Byproduct Gases in Iron and Steel Industry Based on Mixed Integer Linear Programming*（MILP）［M］. John Wiley & Sons，Inc，2015.

④ Ma D，Chen W，Xu T. *Quantify the Energy and Environmental Benefits of Implementing Energy-efficiency Measures in China's Iron and Steel Production* ［J］. *Future Cities and Environment*，2015，1（1）：7 – 20.

⑤ Kong H N. A Green Mixed Integer Linear Programming Model for Optimization of Byproduct Gases in Iron and Steel Industry ［J］. 钢铁研究学报（英文版），2015（8）：681 – 685.

⑥ Zhao L，Liang R，Zhang J，et al. *A New Method for Building Energy Consumption Statistics Evaluation：Ratio of Real Energy Consumption Expense to Energy Consumption* ［J］. *Energy Systems*，2014，5（4）：627 – 642.

此外，在线检测钢铁生产过程，及时发现故障，对避免浪费、节约能耗和物耗成本有着重要作用。本书将围绕钢铁生产过程中的物流能耗预测、生产过程调度优化和生产过程故障预测等关键问题展开研究①。

废钢铁是钢铁工业可持续发展的重要资源，尤其是电炉炼钢重要的、必不可少的原料，同时也是转炉钢中效果最好的冷却剂②。为了不影响炼钢工艺流程的正常进行，确保成品钢件的质量，必须选用优质的废钢铁原料加入钢炉，即废钢铁必须满足一定的技术要求才可作为原料使用。因此，在废钢铁入炉前，必须进行彻底分选、清洗等前期处理，使之符合不同用途的技术标准，提高能源利用效率。

钢铁生产的主要原燃料是铁矿石、废钢和焦炭、焦煤。近几年来，特别是随着我国国民经济的快速发展，钢材需求量急剧增加，铁矿资源消耗量大增，资源短缺的矛盾日益凸显。我国国产铁矿石进口量约占世界海运贸易量的40%左右，我国对进口铁矿的依存度不断提高，已成为黑色金属矿产资源最大的消费国之一，对进口依赖很大。预计2020年我国铁矿石对外依存度将达70%左右③。由于中国尚在工业化过程中，社会钢铁累计存量不多，废钢回收量相对较少。以废钢作为主要原料的电炉钢占全国钢总量的比重为17%左右，低于世界平均电炉钢比35%的水平④。国内矿产资源的开发与利用不适应钢铁工业进一步发展要求的矛盾日益突出。

钢铁企业对环境影响大。环境监测分析结果表明，烟尘是首要污染物，主要来自电力、钢铁、化工等工业企业的燃煤废气排放。随着人们环保意识的增强，采取日趋严厉的环境保护政策，严格控制污染增长，保持经济和环境的协调发展已是世界性趋势。这种趋势对产业结构将会产生不可低估的影响。钢铁工业作为污染密集型行业，不可避免地会受到冲击。环境的制约已成为发达国家钢铁工业发展延缓的重要原因。

---

① 董人菘. 钢铁生产过程能耗预测与调度优化研究 [D]. 昆明：昆明理工大学，2014.
② 刘树洲，张建涛. 中国废钢铁的应用现状及发展趋势 [J]. 钢铁，2016 (6)：1 - 9.
③ 朱永光，徐德义，成金华. 国际铁矿石贸易空间互动过程及中国进口策略分析 [J]. 资源科学，2017 (4)：664 - 677.
④ 商务部. 中国再生资源回收行业发展报告 2017 [J]. 资源再生，2017 (5)：16 - 25.

　　通过对 2008 —2011 年能耗和相关数据的规律性、相关性、结构性分析可知，一般情况下临近月份单位工业增加值能耗降幅差异较小，但高耗能行业的异常变化会从结构上影响短期能源的利用效率。要准确预测能源利用效率，需要重点监测高耗能行业的生产态势。从能耗特点以及近几年的实际情况看，能耗总量大、单耗高、行业内产品单耗差异大且有新项目上马或受节能政策影响大的行业、对规模以上工业能源利用效率的影响特别大，如黑色金属冶炼、非金属矿物制品，以及石油加工业对近几年短期能源利用效率的变动都有较为重要的影响。

第三章

我国钢铁产量预测

1996 年至今，我国粗钢产量已经连续 16 年位居世界第一，关于钢铁行业产能过剩的讨论也一直在继续。然而我国的钢材消费水平一直都保持着平稳上涨的趋势，没有出现峰值[1]。因此，中国钢材需求什么时候达到饱和是企业和学者都十分关注的问题。

针对钢铁消费峰值的研究常用到的方法有：统计学方法。例如，李凯等[2]、郭利杰[3]、高芯蕊等[4]根据国外钢铁产业的历史数据及其发展趋势，利用生长曲线模拟预测了消费峰值，并指出达到峰值的时间区间。Paul Crompton[5]利用贝叶斯向量自回归方法进行预测。利用神经网络进行预测。例如，刘兰娟[6]等利用递归神经网络方法预测了钢铁需求变化趋势。另外，Xiang

---

① 徐向春，王玉刚. 中国钢铁消费峰值的探讨 [J]. 冶金信息导刊，2007，1 (39)：35.

② 李凯，代丽华，韩爽. 运用生长曲线模型预测中国钢铁工业的峰值点 [J]. 冶金经济与管理，2005 (2)：41 - 43.

③ 郭利杰. 钢铁工业发展周期及中国钢产量饱和点预测 [J]. 科技和产业，2011，11 (3)：5 - 8.

④ 高芯蕊，王安建. 基于 "S" 规律的中国钢需求预测 [J]. 地球学报，2010，31 (5)：645 - 652.

⑤ Paul Crompton. *Forecasting steel consumption in South - East Asia* [J]. *Resources Policy*，1999，25 (6)：111 - 123.

⑥ 刘兰娟，谢美萍. 非线性动态系统的递归神经网络预测研究 [J]. 财经研究，2004，30 (11)：26 - 33.

Yin[1]、阎建明等[2]、郭华等[3]则利用自下而上的分析方法，根据建筑、家电、汽车、船舶等不同的终端行业钢铁需求规律进行了汇总从而得到需求预测结果。

在中国特殊的国情下，钢铁的生产和消费受到很明显的政策影响。本书以城镇化水平变化为切入点，研究城镇化对钢铁需求的影响，并利用系统动力学原理进行仿真研究。

一、系统分析

（一）钢铁消费与城镇化水平关系分析

20世纪70年代，伴随着工业化进程的完成，大部分发达国家也迎来了钢铁消费的峰值。而峰值数据则由于国别的不同而有着较大的差异：法国、英国和比利时的峰值都为2.7亿吨左右，而德国则为5亿吨左右；日本和美国在同年出现峰值，日本峰值水平为12亿吨，美国峰值水平为14亿吨；苏联的峰值出现较晚，且在峰值之前不是连续增长的模式，有小幅的波动，在1988年达到16亿吨的高峰，随后逐渐下降。而发展中国家印度、阿根廷等则至今都没有出现峰值，消费水平仍保持着持续上升的势头[4]。

图3-1展示了几个典型国家钢铁消费达到峰值时的城镇化率水平。

反观我国，城镇化还处在较低的水平。2016年，我国城镇化率为57.35%，相当于英国1900年、美国1930年、日本1955年的发展水平。由于中国城镇化尚未完成，中国钢铁工业仍有较大的发展空间。

---

① Xiang Yin, Wenying Chen. *Trends and Development of Steel Demand in China：A Bottom-up Analysis* [J]. *Resources Policy*，2013，38（12）：407 - 415.

② 阎建明，蒲刚清，刘贞，施於人. 基于分行业级别的钢铁需求预测研究 [J]. 科技管理研究，2012（18）：254 - 258.

③ 郭华，张天柱. 中国钢铁与铁矿石资源需求预测 [J]. 金属矿山，2012（1）：5 - 9.

④ 袁莉. 发达国家钢产量峰值期特征分析 [J]. 技术经济与管理研究，2007（1）：45 - 46.

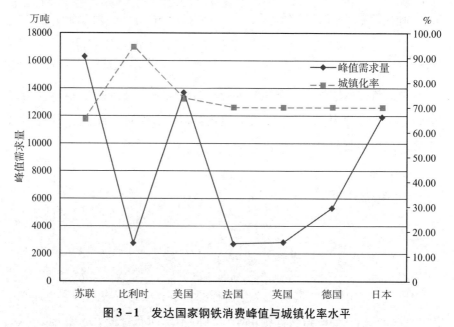

图3-1　发达国家钢铁消费峰值与城镇化率水平

资料来源：《国内外钢铁统计》（1949—1979），北京：冶金工业出版社，1980.

一方面，中国城镇化率每提高 1 个百分点，意味着约 1300 万农村人口转入城镇，由于需要提供其相应的住宅和公共设施，所以中国城镇化的发展，必将拉动钢铁需求[1]；另一方面，发达国家如日本[2]，其钢结构建筑占所有建筑的 50% 以上，我国还不到 5%，因而有巨大的提升潜力。

（二）系统因果关系

城镇化水平与粗钢消费量有密切的关系，而数据分析的结果也证明了这一点。2000 年以来的相关数据显示，钢铁消费量与当年城镇化水平间的相关系数为 0.961393，钢铁消费量与上年城镇化水平间的相关系数为 0.968899。由此可见，钢铁消费量与上年城镇化水平间的相关程度比当年高

---

① 李世俊，徐寅，姜尚青，李晓星. 对中国钢铁工业发展的思考［J］. 轧钢，2004，21（6）：1-5.

② Hirofumi Aoki. *Establishment of Design Standards and Current Practice for Stainless Steel Structural Design in Japan*［J］. *Journal of Constructional Steel Research*，2000（54）：191-210.

0.007506。主要原因是钢铁消费有一定的时滞性，即人口迁移发生后一段时间其对住房、城市基础设施的需求才得以显现。

本书构建的系统模型分为两部分：人口子系统和钢材需求预测子系统。系统与环境的关系如图 3-2 所示。

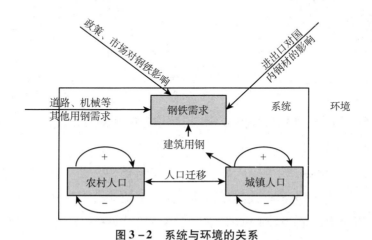

图 3-2　系统与环境的关系

环境对系统施加的影响为外部影响因素，人口对钢铁需求施加的影响为系统内关系。本书的研究只针对系统内部变量关系进行。

二、系统动力学建模与仿真

（一）系统参数确定

根据冶金规划院、住建部和建筑设计规范提供的数据，系统构建过程中需要用到几个系数。其具体符号、取值和释义如表 3-1 所示。

另外一个重要的参数是人口迁移率 MR，本书根据国家统计局的年度农村人口统计，剔除出生、死亡对人口数的影响，计算迁移人口。MR_1 为较高的人口迁移率，MR_2 表示较低的人口迁移率。

表 3 - 1 发达国家钢铁消费峰值与城镇化率水平

参数释义	符号	取值
城镇人均住房建筑面积	Are/p	$26m^2$
民用住宅单位面积用钢量	HoS	$40kg/m^2$
建筑用钢占钢材总需求比例	ArcR	54.7%
城镇住宅用钢占总建筑用钢比例	HoR	35%
目标城镇化率	UR	70%

自 2009 年以来,我国农村人口向城镇迁移的人口迁移率保持在 2% 左右的水平。不同的人口迁移率与不同的政策导向有密切关系[1]。后面会根据该数据进行情景设定。

对于系统动力学(System Dynamics,SD)模型,它是布告同实际的建模方法,每一个变量都有其实际物理意义。系统动力学建模是通过 DYNA-MO 语言实现的。在 DYNAMO 语言中,唯一连续变动的自变量是时间 t,系统中每一个变量都可以表达为常数或 t 的函数[2]。

本书采用 Leslie 矩阵进行人口城镇化预测,钢材需求预测采用系统动力学模型,具体流程如图 3 - 3 所示。

具体操作步骤如下。

Step 1:分别构建 t 时期的城镇、农村女性年龄组向量 $X_u(t)$、$X_r(t)$。

Step 2:构建 t 时期的城镇、农村 Leslie 向量。

$$Leslie_u = S_u X_u(t-1) + B_u X_u(t-1) \tag{3-1}$$

$$Leslie_r = S_r X_r(t-1) + B_r X_r(t-1) \tag{3-2}$$

Step 3:进行 $t+1$ 期的人口预测。

Step 4:利用 Leslie - SD 矩阵进行钢产量预测,具体步骤如下。

---

① 魏星,王桂新. 中国人口迁移与城市化研究的近今发展 [J]. 人口与经济,2011 (5):1 - 8.
② 李浩. 城镇化率首次超过 50% 的国际现象观察——兼论中国城镇化发展现状及思考 [J]. 城市规划学刊,2013 (1):43 - 50.

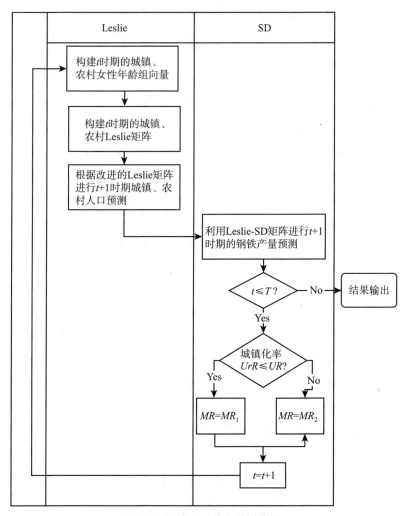

图 3 – 3　Leslie – SD 预测流程

Step 4.1：建立水平变量方程。

$$L \quad Y_u(t+1) = Y_u(t) + DT \cdot \Delta Y_u(t)$$

$$Y_r(t+1) = Y_r(t) + DT \cdot \Delta Y_r(t)$$

$$HS(t+1) = HS(t) + DT \cdot \Delta HS(t) \tag{3-3}$$

Step 4.2：建立率量方程。

$$R \quad \Delta Y_u(t) = B_u X_u(t) + M_u(t) + e(t)$$

$$\Delta Y_r(t) = B_u X_r(t) - M_u(t) + e(t)$$

$$\Delta HS(t) = Delay1(\Delta Y_u \cdot HS/A \cdot Are/p) \qquad (3-4)$$

Step 4.3：建立辅助变量方程。其中，UrR 为城镇化率，$ArcS$ 为建筑用钢，HS 为居民住宅用钢，HoR 为住宅用钢比例，$ArcR$ 为建筑用钢比例，StD 为粗钢需求。

$$A \quad UrR(t) = Y_u(t)/sum(Y_u(t), Y_r(t))$$

$$= \frac{\dfrac{S_u X_u(t-1)}{W_u} + B_u X_u(t-1) + M_u(t)}{\dfrac{S_u X_u(t-1)}{W_u} + \dfrac{S_r X_r(t-1)}{W_r} + B_u X_u(t-1) + B_r X_r(t-1) + M_u(t) + M_r(t)}$$

$$(3-5)$$

$$ArcS(t) = \frac{HS(t)}{HoR} \qquad (3-6)$$

$$StD(t) = \frac{ArcS(t)}{ArcR} \qquad (3-7)$$

Step 4.4：为变量赋初值。

$$N \quad X_u(0) = 2.724715 \qquad (3-8)$$

$$X_r(0) = 3.613385 \qquad (3-9)$$

$$HS(0) = 6050.45 \qquad (3-10)$$

Step 4.5：常量赋值。

综合上述分析，粗钢需求与人口之间可以建立以下关系：

$$StD(t) = \frac{ArcS(t)}{ArcR}$$

$$= \frac{HS(t)}{HoR \cdot ArcR}$$

$$= \frac{Delay1(\Delta Y_u \cdot HS/A \cdot Are/p)}{HoR \cdot ArcR}$$

$$= \begin{cases} \dfrac{Delay1\left[\left(B_u X_u(t) + M_1(t)\right) \cdot HS/A \cdot Are/p\right]}{HoR \cdot ArcR} & UrR(t) \leqslant UR; \\[4mm] \dfrac{Delay1\left[\left(B_u X_u(t) + M_2(t)\right) \cdot HS/A \cdot Are/p\right]}{HoR \cdot ArcR} & UrR(t) > UR. \end{cases}$$

$$(3-11)$$

"目标城镇化率" UR 设置的意义在于：达到该城镇化水平之前，人口以较高的迁移率 MR_1 进行迁移；达到后，则降到较低的水平 MR_2。MR_1 的取值为现有水平的取值，MR_2 为参考发达国家达到较为稳定的城乡布局时的迁移率。

（二）模型构建

图 3-4 给出了人口预测系统的边界，下面对粗钢产量预测系统的边界进行定义。

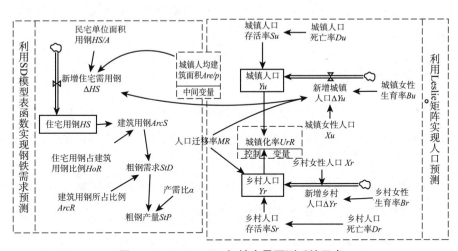

图 3-4　Leslie-SD 钢铁产量预测系统示意

该预测系统包含两大部分：人口预测系统和钢铁预测系统。两部分利用人均建筑用钢量进行连接；人口预测系统又分为农村人口预测和城镇人口预测两部分，靠人口的迁移进行连接。

　　城镇化水平变化带来的钢铁需求的变化为系统内部的相互作用，其他因素如政策、市场、进出口、道路、机械制造等因素对钢铁需求的影响视作环境对系统施加的扰动，在本书中均不予考虑。

　　人口子系统中的农村人口和城镇人口独立预测，人口出生和死亡都会对各自的人口数量产生影响。而人口迁移则会导致城镇人口的进一步增加和同等数量的农村人口的减少。

　　根据分析，在系统动力学建模软件 Vensim 中建立"城镇化 — 粗钢产量"预测模型。

三、情景分析

　　"情景"（Scenario）最早出现于 1967 年 Herman Kahn 和 Wiener 合著的《2000 年》（*THE YEAR* 2000)[①] 一书中。情景分析加入了一部分定性的分析，将人的经验融入分析当中，杜绝了以往数量分析可能带来的与实际偏差较大的问题。

（一）分情景预测

　　城镇人口自然增长率可以在一定时间内看作是固定的，受政策等外界因素影响较大的是人口迁移率。所以这里将情景变量设置为人口向城镇迁移的迁移率。

　　情景一：依据现有水平，即农村人口每年有 2% 转化为城镇人口。在该水平下，我国在 2037 年可实现城镇化率 70% 的目标；同时，在 2043 年钢材需求达到顶峰，约 10.33 亿吨，随后开始缓慢下降，如图 3 - 5 所示。

---

　　① Kahn H，Wiener A J. *The year* 2000 ［M］. New York：Macmillan，1967.

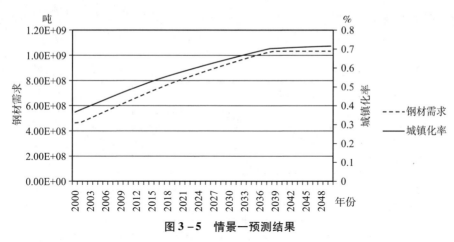

图 3-5　情景一预测结果

资料来源：Vensim 软件生成。

情景二：以历史最高水平，即 0.026 的水平进行人口迁移。在该水平下，2029 年可实现城镇化率 70% 的目标；而钢材需求的峰值同样在 2043 年到达，约 10.315 亿吨，如图 3-6 所示。

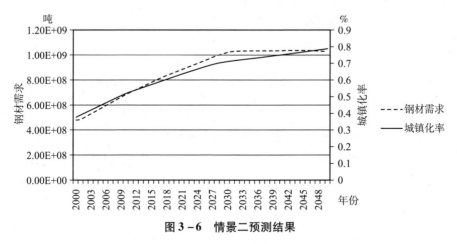

图 3-6　情景二预测结果

资料来源：Vensim 软件生成。

情景三：以历史最低水平，即 0.01 的水平进行人口迁移。该水平下，至 2050 年，城镇化率和钢材需求都还在增长，没有达到既定目标和峰值，如图 3 - 7 所示。

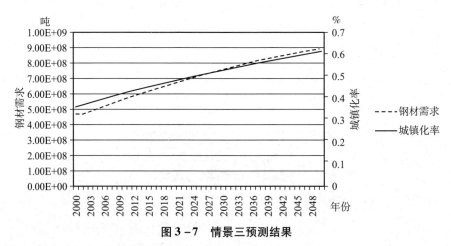

图 3 - 7　情景三预测结果

资料来源：Vensim 软件生成。

情景四：按照目标约定，至 2050 年，实现 70% 的城镇化率，相应的转化率约为 0.0151。在该情景下，2050 年的城镇化率为 69.94%，钢材需求为 10.198 亿吨，且继续保持增长态势，如图 3 - 8 所示。

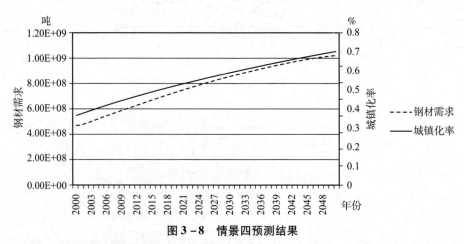

图 3 - 8　情景四预测结果

资料来源：Vensim 软件生成。

（二）情景分析结果讨论

根据上一节的模拟结果，可以看出：

（1）在现有政策条件下，我国钢材需求量将在 2043 年达到顶峰，约为 10.33 亿吨；在钢材需求达到顶峰时，城镇化率约为 70.3213%，这与日本、美国当时的城镇化水平相当；至 2050 年，我国城镇化率将达到 72% 左右。

（2）如果政策进一步推动城镇化建设，则我国钢铁需求的峰值仍将出现在 10.3 亿吨左右，届时的城镇化率约为 72.0546%。

（3）如果政策对城镇化建设进行某种抑制使其保持在较低的水平，则截至 2050 年，钢材需求的峰值尚未出现；城镇化水平约为 61%。

（三）小结

综合上述分析可知，我国的钢材需求峰值将出现在 10 亿吨左右的水平，伴随着 70%~75% 的城镇化水平，这一点与美国、日本等发达国家的发展过程相似。如果政府在政策方面对城镇化建设加以鼓励，这一状态将在 2030 年左右出现；如果保持现有政策力度，则在 2040 年左右达到峰值。

第四章

神经网络与 Adaboost 简介

一、神经网络介绍

人工神经网络（Artificial Neural Networks，ANN）是一种平行分散处理模式，除具有较好的模式识别能力外，而且可以克服统计预警等方法的限制，因为它具有容错能力，对数据的分布要求不严格，具备处理资料遗漏或错误的能力。最可贵的是它具有学习能力，可随时依据新准备的数据资料进行自我学习、训练，调整其内部的储存权重参数以应对多变的经济环境①。人工神经网络可以在网络的输入端输入各种影响因素，从而使建立的模型可以包含各种不确定性的影响。

（一）BP 神经网络的基本结构

20 世纪 80 年代，David Rumelhart、Geoffrey Hinton 及 Williams 分别独立地给出了 BP 算法的清晰表述，解决了多层神经网络的学习问题。BP（Back Propagation）算法的出现极大地促进了神经网络的发展。

BP 神经网络全称为误差反向传播神经网络。其作用原理为信号前向传播，误差反向传播。其学习过程为有监督的学习，即：在样本训练集中，已

---

① 俞金康. 系统动力学原理及其应用 [M]. 北京：国防工业出版社，1993.

知真实的输入和输出，将网络预测得到的输出与实际的输出作对比，误差逆向传播；通过自动调整每一层的权值来不断向真实数据靠近，从而达到网络最初设定的精度要求。

BP 神经网络中每一个神经元的工作原理如图 4 - 1 所示。

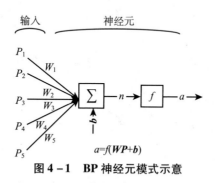

图 4 - 1　BP 神经元模式示意

其中，$\boldsymbol{P}$ 为输入向量，$\boldsymbol{W}$ 为向量中每一个分量对应的权值组成的向量，$\boldsymbol{b}$ 为输入的偏差。隐层利用传递函数处理数值之后将结果 n 传递给输出层；输出层利用另一个传递函数处理，输出预测结果。这是一次信号正向传播的完整过程。

隐层和输出层常用到的传递函数有三种：log-sigmoid、tan-sigmoid 和 purelin 函数。其中，最后一种为线性函数，前两种为非线性函数，形式如下。

log-sigmoid 型函数：$\qquad f(x) = \dfrac{1}{1 + e^{-x}}$ $\qquad\qquad$ (4 - 1)

tan-sigmoid 型函数：$\qquad f(x) = \dfrac{1 - e^{-x}}{1 + e^{-x}}$ $\qquad\qquad$ (4 - 2)

非线性函数的输出范围有限制，logsig 为（0，1），是单极性函数；tansig 为（-1，1），是双极性函数。线性函数的输出范围没有限制。因为在这方面的区别，tansig 和 logsig 一般用于隐层传递函数，而 purelin 用于输出层传递函数，可以保证输出的值域满足各种取值要求[①]。

带有误差反馈的完整三层 BP 神经网络模型如图 4 - 2 所示。

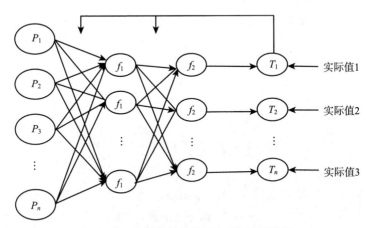

图 4 - 2　带误差反馈的三层 BP 神经网络

其中，P 为输入，T 为算法输出，t 为实际输出；f_1 为隐层传递函数，f_2 为输出层传递函数。

前向三层 BP 神经网络通常由输入层、输出层和隐藏层组成，被认为是最适用于模拟输入、输出的近似关系，因此，其在 ANN 预警中被广泛应用。人工神经网络预警方法有两种：一种是通过 ANN 方法预测，再和事先由专家根据一定标准确定的参考值进行比较确定警度；另一种是增加一个报警模块，经过一定处理之后直接给出预警结果。ANN 预警方法的实质是利用神经网络的预测功能实现经济预警[②]。

（二）BP 神经网络的学习规则

与动物的大脑一样，神经元是需要通过训练来实现自己的功能的。一般

---

① 张良，时书丽，窦春轶. Leslie 人口年龄结构模型的修正 [J]. 大学数学，2011（4）：99 - 102.

② Bo Yang. *Knowledge Transfer Evolutionary Model and Simulation Based on The Modeling of System Dynamics* [J]. *Library and Information Service*，2010（9）：89 - 94.

利用神经网络进行预测，分为三个步骤：一是利用样本训练集对神经网络进行反复训练；二是利用测试样本集对神经网络的训练成果进行测试；三是利用训练好的神经网络进行预测。所以，好的训练方法是 BP 神经网络预测满足精度要求的先决条件。

BP 神经网络的学习过程是有监督的学习过程，即需要提供输入向量 *p* 和相应的期望结果向量 *t*，训练过程中网络的权值和偏差根据网络误差性能进行调整，最终实现期望的功能。BP 网络的学习算法的训练过程有很多种，对应的训练函数包括：traingd、traingdm、traingdx、trainrp、traincgf、traincgp、traincgb、trainscg、trainbfg、trainoss、trainlm、trainbr 等。其具体算法如表 4－1 所示。

表 4－1　　　　　　　　　　BP 算法训练函数相应含义

函数名	说明	函数名	说明
traingd	梯度下降算法	traincgp	Polak－Ribiere 共轭梯度法
traingdm	带动量的梯度下降算法	traincgb	Powell－Beale 共轭梯度法
traingdx	带动量的自适应学习速率梯度下降算法	trainlm	Levenberg－Marquartdt BP 训练算法
trainrp	可复位的 BP 训练算法	trainbfg	拟牛顿 BP 训练算法
traincgf	Fletcher－Powell 共轭梯度法	trainoss	一步正割 BP 算法
trainscg	量化连续梯度 BP 算法	trainbr	贝叶斯标准化训练算法

默认的训练函数为 traingd 梯度下降算法，常用到的改进算法也是建立在梯度下降算法的基础之上的。因此，这里详细介绍梯度下降算法的基本思想。

所谓梯度，是指：设 $f(X)$ 的偏导数存在，则称 $\dfrac{\mathrm{d}f}{\mathrm{d}X} = \left(\dfrac{\partial f}{\partial x_1}, \dfrac{\partial f}{\partial x_2}, \cdots, \dfrac{\partial f}{\partial x_n} \right)^T$ 为 $f(X)$ 的梯度，记作 $\nabla f(X)$。

梯度方向是函数具有最大变化率的方向，即函数沿梯度方向增加得最快，即沿负梯度方向下降得最快。用数学公式表达为：

$$X^{(k+1)} = X^k - \lambda_k \nabla f(X^{(k)}) \qquad (4-3)$$

其中，λ_k 为最优步长，这种以 $-\nabla f(X)$ 为搜索方向的算法称为最速下降法，即梯度法[1]。

（三）BP 神经网络的改进算法

BP 算法应用广泛，在经济预测、函数拟合、模式识别等方面都有较好的表现，但是它也有一些自身固有的缺点。

（1）收敛速度较慢，需要成千上万次的迭代才能满足给定的精度要求。

（2）BP 训练算法基于梯度算法，收敛过程可能有震动，而且优化过程可能陷入局部极小值。

（3）神经网络的结构设计过分依赖设计者的先验知识，如隐层的数目及隐层中神经元的数目，不够科学可靠，等等。

针对以上缺点，学者们提出了一些改进方法。下面就介绍其中的几种。

1. 基于遗传算法的优化算法

遗传算法（Genetic Algorithm，GA）是一种基于自然法则和基因遗传学原理的优化搜索方法。正如自然界中的遗传规律一样，它实行"优胜劣汰、适者生存"的原则。通过一定的配置函数和遗传操作对个体进行筛选，实施配置高的个体能够被保留下来，这样就能够实现复杂空间里的全局优化搜索，并保证较高的鲁棒性[2]。

遗传算法与 BP 神经网络杂交算法的具体实现包括以下几个步骤。

设有三层 BP 网络，I_i 为第 i 个结点的输入，O_i 为第 i 个结点的输出，H_i 为隐含层中第 i 个结点的输出。$w_i h_{ij}$ 为输入层中第 i 个结点与隐层第 j 个结点的连接权值；who_{ji} 为隐层中第 j 个结点与输出层中第 i 个结点的连接

---

[1] Herman Kahn, Anthony Wiener. *The Year 2000：A Framework for Speculation on The Next Thirty-three Years* [M]. MacMillan, 1997.

[2] 胡运权. 运筹学 [M].3 版. 北京：清华大学出版社，2009.

权值。

（1）初始化种群 P，包括交叉规模、交叉概率 P_c、突变概率 P_m，以及对任意 $w_i h_{ij}$ 和 who_{ji} 初始化；采用实数进行编码，初始种群取值为 30。

（2）计算每一个个体的评价函数，并将其排序。可以按照下面的公式选择网络个体：

$$P_s = \frac{f_i}{\sum\limits_{i=1}^{N} f_i} \qquad (4-4)$$

其中，f_i 为个体 i 的适配值，可以用误差平方和 E 来衡量：

$$f(i) = \frac{1}{E(i)} \qquad (4-5)$$

$$E(i) = \sum_p \sum_k (V_k - T_k)^2 \qquad (4-6)$$

其中，$i=1, 2, \cdots, N$ 便是染色体数目；$k=1, \cdots, 4$ 为输出层节点数；$p=1, \cdots, 5$ 为学习样本数；T_k 为教师信号。

（1）以概率 P_c 对个体 G_i 和 G_{i+1} 交叉操作产生新个体 G'_i 和 G'_{i+1}，没有进行交叉操作的个体直接进行复制。

（2）利用突变概率 P_m 突变产生 G_j 的新个体 G'_j。

（3）将新个体插入到种群 P 中，并计算新个体的评价函数。

（4）如果找到了满意的个体，结束；如果没有，转至步骤（3）。达到所要求的性能指标后，将最终群体中的最优个体编码，即可得到优化后的网络连接权值[①]。

遗传算法最大的优点是有控制函数的参与，这样可以控制神经网络的训练过程，保证每一步迭代都保留较优化的结果，避免不收敛的情况发生。

2. 增加动量项的权值调整 BP 算法

附加动量法是最常用的 BP 算法改进算法，它在梯度下降算法的基础上

---

① 王建成，高大启，王静，胡上序. 改进的遗传和 BP 杂交算法及神经网络经济预警系统设计 [J]. 系统工程理论与实践，1998（4）：136-141.

引入动量因子 $\alpha(0 < \alpha < 1)$，每一次迭代的连接权值都是在上一步的权值基础上进行调整。当 $\alpha = 0$ 时，与上一步的权值设定无关；当 $\alpha = 1$ 的时候，本次迭代的权值完全取决于上一步迭代的权值。公式表示如下：

$$\Delta W(t) = \eta \delta X + \alpha \Delta W(t - 1) \tag{4-7}$$

其中，W 代表某层权矩阵，η 为学习率，δ 为误差信号，X 代表某层输入向量，α 为动量因子。

附加动量法使网络在修正其权值时，不仅考虑误差在梯度上的作用，而且还考虑在误差曲面上的变化趋势的影响。在没有附加动量项的作用下，网络可能陷入浅的局部极小值，利用附加动量项的作用则有可能滑过这些极小值[①]。

3. 自适应学习率法

自适应调整学习率法有利于缩短学习时间。传统 BP 算法收敛速度慢的重要原因是学习率选择不当：学习率太小，收敛太慢；学习率太大，则有可能修正过度，导致发散。根据这种情况，提出了自适应调整的改进算法，其权值更新公式为：

$$\Delta X = lr \cdot \frac{\partial E}{\partial X} \tag{4-8}$$

$$\Delta X(k + 1) = \alpha \cdot \Delta X(k) + lr \cdot \alpha \cdot \frac{\partial E}{\partial X} \tag{4-9}$$

其中，lr 为学习率，和传统的 BP 算法不同，它是变量；而传统 BP 算法的学习率是常数[②]。

调节学习率的准则：检查权值的修正值是否真正降低了误差函数，如果确实如此，则说明选取的学习率值小了，可以对其增加一个量；反之，则产生了过调，那么就应减小学习率的值。

---

① 杨宏韬，张德江，李秀兰，王秀英. 遗传神经网络能耗预测模型在钢铁企业中的应用 [J]. 长春工业大学学报（自然科学版），2007（7）：186-189.

② 韩力群. 人工神经网络理论、设计及应用 [M]. 2 版. 北京：化学工业出版社，2007.

4. 附加动量法

BP 神经网络在修正其权值时，不仅考虑误差在梯度上的作用，而且考虑在误差曲面上变化趋势的影响，它允许忽略网络上的微小变化特性[①]。该方法是在反向传播法的基础上，在每一个权值的变化上加上一项正比于前次权值变化量的值，并根据反向传播法来产生新的权值的变化。带有附加动量因子的权值调节公式为：

$$\Delta X(k+1) = \alpha \cdot \Delta X(k) + lr \cdot \alpha \cdot \frac{\partial E}{\partial X}, \ 0 < lr < 1 \qquad (4-10)$$

其中，k 为训练次数；α 为动量因子，一般取 0.95 左右；lr 为学习率，是常数，E 为误差函数。这种方法所加入的动量项实质上相当于阻尼项，减小了学习过程的振荡趋势，从而改善了收敛性，以找到更优的解。但是这种方法的缺点也很明显：参数的选取只能通过实验来确定，而且它的学习速度还不能满足实时的工作需要。

5. 有弹性的 BP 算法

有弹性的 BP（Resilient Back – Propagation，RPROP）方法[②]。RPROP 的基本原理是消除偏导数的大小有害的影响权步。因此，唯有导数的符号被认为表示权更新的方向，而导数的大小对权更新没有影响。权值改变的大小仅由权值专门的"更新值"来确定。

$$\Delta X_{ij}^{(t)} = \begin{cases} -\Delta_{ij}^{(t)} & \text{如果} \frac{\partial E^{(t)}}{\partial X_{ij}} > 0 \\ +\Delta_{ij}^{(t)} & \text{如果} \frac{\partial E^{(t)}}{\partial X_{ij}} < 0 \\ 0 & \text{其他} \end{cases} \qquad (4-11)$$

---

① Altmar E, Marco G. *Corporate Distress Diagnosis：Comparisons Using Linear Discriminate Analysis and Neural Networks* [J]. *Journal of Banking and Finance*, 1994 (18)：505 – 529.

② Anna H. *Using Neural Network for Classification Tasks：Some Experiments on Data Sets and Practical Advice* [J]. *Journal of Operation Research Society*, 1992 (43)：215 – 226.

其中，$\dfrac{\partial E^{(t)}}{\partial X_{ij}}$表示在模式集的所有模式上求和的梯度信息，（$t$）表示 t 时刻。

权值更新遵循一个很简单的规则：如果导数是正（增加误差），该权值由其更新值降低；如果导数是负，更新值提高：

$$X_{ti}^{(t+1)} = X_{ti}^{(t)} + \Delta X_{ij}^{(t)} \qquad\qquad (4-12)$$

RPROP 算法引入 Resilient（有弹性的）更新值的概念，直接修改权步的大小，它和以学习率为基础的算法相反（正如梯度下降一样）。与传统的反传算法比较，在计算上仅有少量的耗费。另外，对许多问题不需要参数的选择，就能得到最优或至少接近最优的收敛时间①。

二、Adaboost 算法简介

传统的 boosting 算法有一个严重的缺陷，就是在解决实际问题时，都要求提前知道弱预测算法正确率的下限。而事实上，这一要求在实际问题中很难被满足。针对这种情况，Freund 和 Schapire 在 boosting 算法的基础上提出了 Adaboost 算法，其效率与传统的 boosting 方法基本相同，但是却可以很容易地应用到实践当中。

（一）基本思想

Adaboost 是一种迭代算法，其核心思想是训练不同的预测器（弱预测器），利用的是同一个训练集，以保证一致性。训练 n 轮之后，把所有的弱预测器有机地统一起来，给每一个赋予权重，构成一个更强的最终预测器（强预测器）。其算法基本原理是改变数据分布，从而实现其功能。每次训练中，它都会判断每个训练集中对每个样本的预测是否正确，参照上次总体预测的准确率，来确定每个样本的权值。对准确的弱预测器赋予较小的权

---

① 闻新. Matlab 神经网络应用设计［M］. 北京：科学出版社，2002.

值，对不准确的赋予较大的权值。接下来将修改过权值的新数据集送给下层预测器进行训练，最后将每次训练得到的预测器融合起来，作为最后的决策预测器①。利用 Adaboost 预测器可以消除一些不必要的训练数据特征的影响，并将关注点放在训练数据上面，从而提高训练效率。

具体来说，就是在训练数据集上赋予一个分布权值向量 $D(x)_t$，用赋予权重的训练集通过弱预测算法产生预测假设 $H_t(x)$，即基预测器；然后计算其错误率，用得到的错误率去更新分布权值向量 $D(x)_t$——对错误预测的样本分配更大的权值，对正确预测的样本赋予更小的权值②。每次更新后用相同的弱预测算法产生新的预测假设，这些预测假设的序列构成多预测器。经过设定次数 n 次的迭代和训练之后，对这些多预测器用加权的方法进行联合，最后得到决策结果。

这种方法不要求产生的单个预测器有高的识别率，即不要求寻找识别率很高的基预测算法。一般认为，只要产生的基预测器的识别率大于 0.15，就可作为该多预测器序列中的一员。

寻找多个识别率不是很高的弱预测算法，比寻找一个识别率很高的强预测算法要容易得多。Adaboost 算法的任务就是完成将容易找到的识别率不高的弱预测算法提升为识别率很高的强预测算法，这也是 Adaboost 算法的核心指导思想。如果算法完成了这项任务，那么在预测时，只要找到一个比随机猜测略好的弱预测算法，就可以将其提升为强预测算法，而不必直接去找通常情况下很难获得的强预测算法。通过产生多预测器最后联合的方法提升弱预测算法，让其变为强预测算法，也就是给定一个弱的学习算法和训练集，在训练集的不同子集上，多次调用弱学习算法，最终按加权方式联合多次弱学习算法的预测结果得到最终学习结果③。

算法的"权重"主要需要关注以下两点。

---

① 郁红艳，郁洪江. 改进 BP 神经网络在经济预测中的应用 [J]. 统计与信息论坛，2008（1）：58 - 62.

② 阎平凡，张长永. 人工神经网络与模拟进化计算 [M]. 2 版. 北京：清华大学出版社，2005.

③ Schapire E R, Freund Y, Bartlet T P, et al. *Boosting the Margin: a New Explanation for the Effectiveness of Voting Methods* [J]. *The Annals of Statistics*, 1998, 26 (5): 1651 - 1686.

首先是样本的权重。Adaboost 通过对样本集的操作来训练产生不同的预测器，通过更新分布权值向量来改变样本权重，也就是提高分错样本的权重，重点对分错样本进行训练。

（1）在没有先验知识的情况下，初始的分布应为等概分布，也就是训练集如果有 n 个样本，每个样本的分布概率为 $1/n$。

（2）每次循环后提高错误样本的分布概率，分错的样本在训练集中的所占权重增大，使得下一次循环的基预测器能够集中力量对这些错误样本进行判断[①]。

其次是弱预测器的权重。最后的强预测器是通过多个基预测器联合得到的，因此，在最后联合时各个基预测器所起的作用对联合结果有很大的影响。因为不同基预测器的识别率不同，其作用就应该不同，这里通过权值体现其作用。因此，识别率越高的基预测器，其权重越高；识别率越低的基预测器，其权重越低。权值计算如下。

基预测器的错误率：

$$e = \sum (h_t(x_i) \neq y_i)D_i \tag{4-13}$$

基预测器的权重：$W_t = F(e)$，由基预测器的错误率计算其权重[②]。

算法结构及流程可用图 4-3、图 4-4 描述，Adaboost 算法重复调用弱学习算法（多轮调用产生多个预测器），首轮调用弱学习算法时，按均匀分布从样本集中选取子集作为该次训练集，以后每轮对前一轮训练失败的样本赋予较大的分布权值（D_i 为第 i 轮各个样本在样本集中参与训练的概率），使其在这一轮训练出现的概率增加。对不够精确的赋予较大的权值就是让其多参与训练以提升准确性，即在后面的训练学习中集中使比较难训练的样本进行学习。这样循环进行，从而得到 T 个弱的基预测器——h_1，h_2，…，h_t。其中，h_t 有相应的权值 w_t，并且其权值大小根据该预测器的效果而定。

① 彭代强，林幼权. 基于 Adaboost 算法的加权二乘向量回归机 [J]. 计算机应用，2010（3）：776-778.

② 周维柏，李蓉. 基于改进的 Adaboost 和支持向量机的行人检测 [J]. 昆明理工大学学报（理工版），2010（12）：61-66.

最后的预测器由生成的多个预测器加权联合产生。

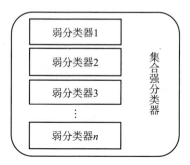

图4-3 Adaboost算法结构示意

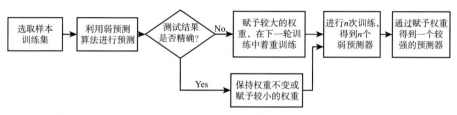

图4-4 Adaboost算法流程

(二) 迭代步骤

与Boosting算法不同的是，Adaboost算法不需要预先知道弱预测器的误差，且最后得到的强预测器的预测精度依赖于所有弱预测器的预测精度，这样可以深入挖掘弱预测器算法的能力。在Adaboost中，是以各成员预测器所具有的权重来作结合，也就是说，给定一组成员预测器 $\{h_1, h_2, \cdots, h_r | h_i: R^d \rightarrow \{1, -1\}\}$，有：

$$f(x) = \sum_{t=1}^{T} a_t h_t(x) \tag{4-14}$$

其中，a_t 为一组非负的权重系数，$f(x)$ 为多重预测器。成员预测器及其权重可由Boosting 的过程中获得[①]。

Adaboost 处理的过程，主要是给定一个弱预测学习集及一组有权重的训练样本 $S = \{(x_1, y_1), \cdots, (x_n, y_n)\}$，$x_i \in R^d$，$y_i \in \{1, -1\}$，$i = 1$，$2\cdots$，$n$，使用 S 来生成多个预测器。在开始时，所有训练样本的权重都一样，在经过预测学习后，将调高被分错的训练样本的权重，再以此调整后的样本重新训练出一个新的学习集。如此反复执行，就可以生成一组多重预测器，而且各成员预测器的权重关系 a_t 也可以在该过程中获得。Adaboost 的本质就是要对训练样本找到下式的最小值：

$$\sum_n \exp\{-y_n f(x_n)\} \tag{4-15}$$

Adaboost 算法具体包括以下几个步骤[②]：

Step 1：给定训练样本 $S = \{(x_1, y_1), \cdots, (x_n, y_n)\}$。

Step 2：初始化每一个样本的权重为 $D_j^{(1)} = 1/2$，其中 $j = 1, \cdots, n$。

Step 3：迭代次数 $t = 1, \cdots, T$，进行以下步骤。

Step 3.1：使用弱预测学习器对权重的训练样本 $\{S, w^{(t)}\}$ 来得到一适合的成员预测器 $h_t: R^d \rightarrow \{1, -1\}$。

Step 3.2：计算 h_t 的权重训练误差 $\varepsilon_t = \sum_{i=1}^{n} D_j^{(t)} I, (y_i \neq h_t(x_i))$。其中，如果叙述 statement 是对的，则 I(statement) = 1；反之，则 I(statement) = 0。

Step 3.3：若 $\varepsilon_t = 0$ 或 $\varepsilon_t > 1/2$，则设定迭代次数 $T = t - 1$，然后跳至 Step 4。

Step 3.4：令 $a_t = \dfrac{1}{2}\left(\ln \dfrac{1 - \varepsilon_t}{\varepsilon_t}\right)$。

Step 3.5：更新权重值。

$$D_j^{(t+1)} = \frac{1}{Z_t} D_j^{(t)} \exp\{(-a_t y_i h_t(x_i))\} \tag{4-16}$$

① Thomas G Dietterich. *An Experimental Comparison of Three Methods for Constructing Ensembles of Decision Trees: Bagging, Boosting, and Randomization* [J]. *Machine Learning*, 2000 (40): 139–157.

② 解洪胜，张虹. 基于内容的图像检索中 SVM 和 Boosting 方法集成应用 [J]. 计算机应用，2009, 29 (4): 979–981.

其中，$Z_t = 2 \sqrt{\varepsilon_t(1-\varepsilon_t)}$ 为正规化的系数，可使得 $\sum_{j=1}^{n} D_j^{(t+1)} = 1$。

Step 4：输出多重预测器 $H(x) = sign(f(x))$。其中：

$$f(x) = \frac{\sum_{t=1}^{T} a_t h_t(x)}{\sum_{i=1}^{T} a_t} \qquad (4-17)$$

（三）应用领域

目前，对 Adaboost 算法的研究及应用大多集中于预测问题；同时，近年也出现了一些在回归问题上的应用。就其应用，Adaboost 系列主要解决了两类问题、多类单标签问题、多类多标签问题、大类单标签问题以及回归问题。它用全部的训练样本进行学习。Adaboost 组合学习方法已在下列领域初步取得应用[1]。

（1）文本预测和检索：大多数文本预测研究集中于二值问题，其中，文档被预测成与某预定义的主题相关或不相关。

（2）图像识别和检索：现有识别算法准确度都不理想，且易受数据扰动干扰，通过组合能提高性能。

（3）语音识别和理解：语音识别问题可以用与文本预测问题类似的方法加以解决。

（4）网络导航：用户行为和偏好排序。

（5）写体字符识别：Schwenk 和 Bengio 将 Adaboost 与神经网络结合进行写体字符识别。

（6）保险业中的风险预测等。

虽然 Boosting 组合学习方法已不同程度地应用于上述数据挖掘领域，但在实践中还存在一些不足，下面列出若干值得进一步研究的问题和可能发展

---

① 史峰，王小川，郁磊，李洋. Matlab 神经网络 30 个案例分析［M］. 北京：北京航空航天大学出版社，2010.

的方向，以期 Boosting 方法取得更好的应用①。

（1）Boosting 中如何能够保证找到错误率均小于 1/2 的弱子学习器集，即如何能够保证每次迭代产生的弱学习器错误率均小于 1/2。

（2）Bootsting 联合投票的子预测器个数或迭代次数 T 通常凭经验和问题规模给出，能否给出找到成本最低的最优 T 值的方法。

（3）组合学习器和贝叶斯网络结合提高学习精度。

（4）将 Fuzzy set 理论和 Boosting 结合用于多极预测问题中。

（5）研究 Boosting 的初始分布和权重的理论方法。可以考虑将其与数据分布和具体数据特性联系起来。

（6）Boosting 是针对一组同样的训练例进行重复预测器设计的。考虑到扩大规模，可以尝试综合在不同样本子集上生成的子预测器。

（7）组合学习器和 Rough Set 理论（进行特征约简）结合以学习高维数据的特点和方法研究。

（8）组合聚类研究。

（9）研究适合大规模/高维数据分布、并行要求的组合学习方法。

（10）Boosting 与 Bagging 动态预测器集成研究等。

---

① 王科欣. 改进的 Adaboost 集成神经网络技术在财务预警模型中的应用 [D]. 广州：暨南大学，2010.

第五章

BP_Adaboost 算法

一、基本思想

BP_Adaboost 模型的基本思想，就是把 BP 神经网络作为弱预测器，并联多个神经网络，利用权值的调整和最终弱预测器的加权集合，得到多个 BP 神经网络弱预测器组成的强预测器。

为了实现本书探讨的分级别预警的目的，需要主要关注以下几个问题：

（1）BP 神经网络的建立与训练，包括隐层数目的确定、隐层节点数目的确定、训练函数的选取、传递函数的选取、函数的参数优化等。

（2）权值的调整，包括多次的弱预测器的迭代训练、结果的比对反馈、样本权值的修正等。

（3）强预测器的构成，包括弱预测器的个数确定、每个弱预测器的权重安排、强预测器的最终结果输出等。

（4）最终警级的划分，包括分级标准的界定、企业所属级别的分类等。

（一）BP 神经网络的建立与训练

由前文可知，BP 神经网络是人工神经网络中发展比较成熟的一种算法。它利用三层结构，对每一次的预测结果和实际值进行比对，自动修改每个神经元的权值，再将修改后的权值反馈给隐层，不断循环，逼近设定的精度要求[①]。一般的 BP 神经网络的算法流程可以用图 5 - 1 表示。

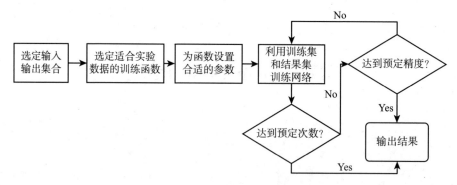

图 5 - 1　BP 神经网络的训练流程

其中，用于训练的集合 P 和实际输出值 T 都是从实际数据中提取的。一般的，训练样本组数越多，就越能够保证训练的精确程度。也就是说，神经网络的学习过程是需要大样本反复训练的，就如同人类的大脑学习需要不断重复和巩固一样。但是在本书涉及的研究过程中，收集到的可利用的能耗数据是 15 家规模以上企业近 11 年的数据，而且时间维度只细分到年度。所以，在本书中，P 是 10×15 的矩阵，T 是 1×15 的行向量。

在 BP 神经网络训练过程中，训练函数的作用是对输入的样本进行处理，传递函数则主要用于结果的输出。需要注意的是，并不是每一个训练函数都适用于任何一种情况，也不是越复杂的函数训练效果越好，本书需要根据实际情况进行反复的试验，挑选出最适应当下情况的函数。

一些函数是有默认设置的，而另一些函数，尤其是改进的函数，往往提供可修改的参数。默认的 default 值一般是适应大多数情况的，它不会导致

---

① 　Chunxia Zhan, Jiangshe Zhang. *Rot Boost: A Tehnique for Combining Rotation Forest and Adaboost* [J]. *Pattern Recognition Letters*, 2008, 29 (10): 1524 - 1536.

过分的偏差，但也不能保证较高的准确度①。所以，本书还需要不断进行重复试验，以求得到最适应本案例的函数参数设置。

BP 神经网络基本上属于黑盒算法②，在计算过程中不需要太多的人为干预。所以在设置好参数之后，只需要等待算法的运算结果。利用不同的训练集和真实的输出，对同一系列的网络神经元进行多次训练，使其具备"学习"能力。在接收到新的输入时，就会利用已经具备的学习功能对其进行预测计算，得到未来的值。

本书中，研究的能耗预测模型的样本数据是一维的时间序列数据。非线性的时间序列预测模型可以用下述公式表示：

$$X(t) = \varphi[X(t-1), X(t-2), \cdots, X(t-p)] \qquad (5-1)$$

其中，$\varphi(\cdot)$ 为非线性作用函数；p 为模型的阶数。由时间序列可以构造 $N-p$ 个样本③，将所构造的样本代入 BP 神经网络进行训练即可得到从输入到输出的非线性关系。

（二）Adaboost 框架下的强预测器

前面提到过，Adaboost 算法不是独立的算法，而是一种框架算法，把其他基础算法作为"建筑材料"填充到其搭建的这一框架中，得到较为强大的新的算法。

在本案例中，这些"建筑材料"基算法就是前文提到的 BP 神经网络算法。强预测器的构成方法如图 5-2 所示。

本书采用数据的维度作为 n 的取值，在本例中也就是 15。每进行一次就需要新建一个神经网络，共建立 15 个。

① 焦李成，等. 自然计算、机器学习与图像理解前沿 [M]. 西安：西安电子科技大学出版社，2008.

② 高大启. 基于 ANN 的模式分类方法 [D]. 杭州：浙江大学，1996.

③ 张全，刘渺，凌振华，高敏. 钢铁企业能耗预测系统的设计 [J]. 冶金动力，2006 (2)：67 - 70.

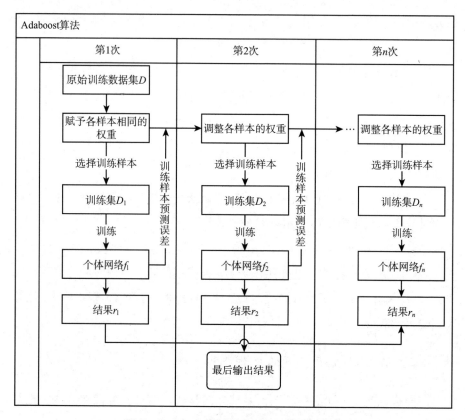

图 5－2　Adaboost 框架下的强预测器示意

　　建立一个网络后，就根据其预测准确程度调整样本的权值。准确程度是利用预测值和真实值的差的绝对值来衡量的。权值不仅要考虑绝对准确程度，还要考虑相对其他弱预测器的相对准确程度。在这一步中，对于预测准确程度较低的预测样本赋予较大的权值，这样就可以保证其在后续迭代中被更多地训练①，这一点和运筹学中"罚函数"的思想是一致的。

　　迭代完成后，每个弱预测器分别乘以对应的权值并求和就得到了较准确的强预测器。这里提到的权值是预测器的权值，较准确的预测器对应较高的权值以保证强预测器的运算准确率。

①　刘何秀．神经网络集成算法的研究［D］．青岛：青岛海洋大学，2009．

（三）预警警级的划分

"预警"实际上是涉及分类（Classification）的一个过程。所谓分类，就是按照一定的规则将对象分配到不同的类别的过程[①]。在文献综述中提到过，警级的划分是预警过程中非常关键且重要的环节。但是经过查阅文献，并没有明确的关于钢铁企业能耗的预警级别的划分。对于预警过程，如果没有明确的分类标准，整个处理过程是无法顺利实现的。所以，本书采用以下方法进行相对的警级划分[②]。

首先，计算所有数据的极差。最大值和最小值分别记为 max 和 min，则极差公式为：

$$R = \max - \min \tag{5-2}$$

其次，确定划分级别的个数。根据数据分布和实际情况来确定。在这里，本书将级别个数设置为 5。

再次，计算级别上下限。每一个级别的区间分别为 $[\min, \min + R/5)$、$[\min + R/5, \min + 2R/5)$、$[\min + 2R/5, \min + 3R/5)$、$[\min + 3R/5, \min + 4R/5)$、$[\min + 4R/5, \max]$。

最后，给每一个级别分别赋以数值型的值，如表 5-1 所示。

表 5-1　　　　　　　　　　　　警级划分对应表

级别	1	2	3	4	5
含义	相对能耗水平低，安全	相对能耗水平较低，比较安全	相对能耗水平一般，可以改进	相对能耗水平偏高，提出警告	相对能耗水平高，需要改进
赋值	0	1	2	3	4

---

① 李长虹，李堂秋. 一种改进的特征选择方法在文本分类系统中的应用 [J]. 学术问题研究，2005 (1)：94-98.

② 金成晓，俞婷婷. 基于 BP 神经网络的我国制造业产业安全预警研究 [J]. 北京工业大学学报，2010 (2)：8-16.

需要注意的是，这样的警级划分方法是一种相对划分法，与绝对值的大小无关。这是一种退而求其次的方法，在实际应用中不建议推广，因为有可能所有企业的能耗水平都很低，没有必要强制性地分出哪个更优。但是用于研究时，由于所需数据的不完备，这种方法还是比较科学和合理的。要想给出更合理的预警体系，还需要标准制定部门的配合。

二、算法步骤

第四章从三个方面介绍了本书的研究内容，弄清楚了 BP_Adaboost 算法的基本思想。BP_Adaboost 算法是一种理解和操作起来都很方便的算法，只要了解其涉及的基本架构形式和两种含义不同的权重就可以基本了解其运算方式。

BP_Adaboost 的主要流程分为弱预测器预测、样本权重调整、迭代运算、强预测器预测四部分。下面就结合图形介绍一下结合算法的主要流程①，如图 5-3 所示。

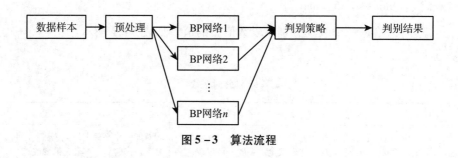

图 5-3　算法流程

将上述流程图中的每一步进行扩展，可以用图 5-4 解释。

---

① 蒋焰，丁晓青. 基于多步校正的改进 Adaboost 算法［J］. 清华大学学报（自然科学版），2008（10）：1609-1612.

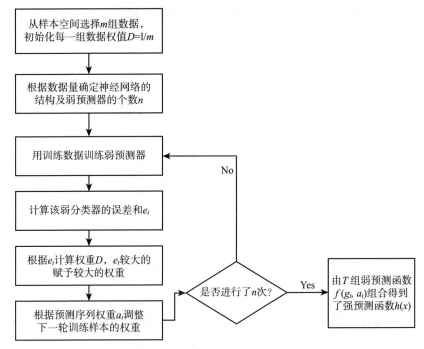

图 5 - 4　BP_Adaboost 详细算法

具体到实现步骤可以概括为以下算法流程。

Step 1：数据选择和网络初始化。从样本空间中选择 m 组训练数据，初始化测试数据的分布权值 $D_t(i)=1/m$，根据样本输入、输出的维数确定神经网络的结构、初始 BP 神经网络权值和阈值。

Step 2：弱预测器预测。训练第 t 个弱预测器时，用训练数据训练 BP 神经网络并预测训练数据输出，得到预测序列 $g(t)$ 的预测误差和 e_t，其计算公式为：

$$e_t = \sum_i D_i(i) \quad i=1,\ 2,\ \cdots,\ m(g(t)\neq y) \tag{5-3}$$

其中，$g(t)$ 为预测结果；y 为期望预测结果。

Step 3：计算预测序列权重。根据预测序列 $g(t)$ 的预测误差 e_t 计算序列的权重 a_t，其计算公式为：

$$a_t = \frac{1}{2}\ln\left(\frac{1-e_t}{e_t}\right) \tag{5-4}$$

Step 4：测试数据权重调整。根据预测序列权重 a_t 调整下一轮训练样本的权重，调整公式为：

$$D_{t+1}(i) = \frac{D_t(i)}{B_t} \cdot \exp\left[-a_t y_i g_t(x_i)\right] \quad i = 1, 2, \cdots, m \quad (5-5)$$

其中，B_t 是归一化因子，目的是在权重比例不变的情况下使分布权值和为 1。

Step 5：强预测函数。训练了 T 轮后得到 T 组弱预测函数 $f(g_t, a_t)$，由 T 组弱预测函数 $f(g_t, a_t)$ 组合得到强预测函数 $h(x)$：

$$h(x) = sign\left[\sum_{t=1}^{T} a_t \cdot f(g_t, a_t)\right] \quad (5-6)$$

三、本书中的应用

首先交代一下本书研究实验的硬件环境：CPU 为 Intel Core i5 处理器；软件环境：Windows 7 操作系统，Matlab R2010b 软件。

在钢铁企业能耗预测的案例中，BP_Adaboost 算法主要用于实现预测功能。预警的实现也就是对结果的分类采用简单有效的"if"判断语句，将不同的区间赋予不同的值，再将一系列的值赋给一个新的数组，该数组专门用以存储最终的警级划分的数值。每一个 BP 网络运算得到的预测值都被划分进某一个具体的区间当中，以实现分类的功能。

本书的研究对象是钢铁企业的能耗状况。能耗数据的时间跨度为 2005—2015 年。为了方便研究，本书选择大型钢铁企业为研究对象。所谓"大型"的筛选标准，根据以往经验，需满足两个条件：第一，粗钢年产量 500 万吨以上；第二，产量累积占全国总产量的 60% 以上。

为了保持数据维度的一致，取每年满足条件的企业的交集，也就是只取那些每年都位列"大企业"名单上的企业。另外，出于保密的目的，本书对企业名称进行了处理，用字母来代替。15 个字母仅代表企业名称，没有排序意义。

具体数值如表 5-2 所示。

表 5 - 2 　　　　　　　　　大型钢铁企业的吨钢综合能耗

企业	2005年	2006年	2007年	2008年	2009年	2010年	2011年	2012年	2013年	2014年	2015年
A	679.76	677.71	562.92	619.63	619.91	605.65	600.68	724.23	710.37	701.95	681.49
B	858.79	685.44	669.11	666.91	630.9	616.39	611.34	885.03	868.10	857.81	834.36
C	617.09	526.48	630.25	603.04	590.12	576.55	571.82	683.52	670.45	662.5	570.19
D	747.07	654.2	658.12	751.32	721.45	704.86	699.08	801.02	785.70	776.38	754.43
E	670.03	602.93	589.9	513.42	591.61	578	573.26	714.36	700.70	692.39	714.55
F	768.81	655.01	646.97	638.88	633.03	618.47	613.40	835.75	819.76	810.04	787.2
G	682.4	658.7	655.21	645.45	632.89	618.33	612.89	835.75	696.57	688.31	683.99
H	708.03	595.59	687.01	602.75	579.99	566.65	562.00	664.05	651.35	643.63	690.85
I	731.43	639.41	640.46	614.69	649.86	634.91	629.70	774.78	759.96	750.95	758.27
J	738.55	558.35	559.09	582.5	561.66	548.74	544.24	725.94	712.05	703.61	757.66
K	892.45	779.41	769.32	736.5	717.34	700.84	694.67	835.75	932.73	921.67	1043.9
L	836	794.7	794.7	748.47	722.59	705.97	700.18	882.17	865.30	855.04	944.01
M	745.38	666.09	593.13	615.16	665.12	649.82	644.10	835.75	738.15	729.4	776.12
N	777.18	630.87	631.38	655.05	583.65	570.23	565.55	802.28	786.93	777.6	801.16
O	842.14	677.22	572.24	563.7	559	546.14	541.66	903.07	885.79	875.29	978.5

资料来源：《钢铁工业年鉴》（2005—2015）。

这样，本书就得到了 11 组 15 维的数据作为输出结果样本数据，第四章中计算得到的钢材产量预测值作为输入的样本数据。

本书设计了 15 组弱预测器，也就是说，利用同一组样本数据循环迭代 15 次，调整 15 次权值。在每一次训练中，都训练两次。这样就得到 15 个预测精度并不一定很高的基于 BP 神经网络的弱预测器。接下来利用调整后的权值将其整合为强预测器，利用整合好的强预测器进行预测。该最终预测器预测准确度比较高、可信度也比较好。

整个实验流程如图 5 - 5 所示。

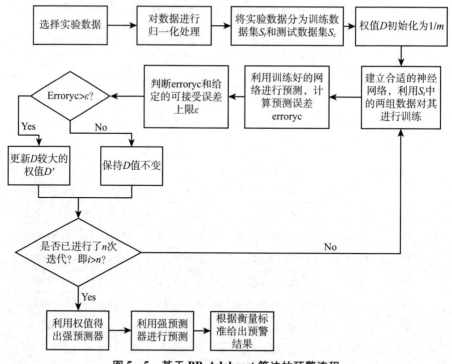

图 5 - 5　基于 BP_Adaboost 算法的预警流程

由图 5 - 5 可见，整个流程基本可以分为三个部分：初始化；弱预测器的训练和强预测器的构成；预警级别的划分。下面的章节，将分别具体介绍每一个部分的具体实现。

第六章

基于 BP 神经网络的弱预测器

一、BP 算法的改进

(一) 样本数据的处理

首先是对样本的归一化处理。归一化是数据处理过程中常用的手段，可以消除量纲的影响，而又完全不影响数据的分布情况。在本案例中，虽然样本之间数值差距并不大，但是将其归一化至 [0，1] 或 [-1，1] 更加简洁，方便计算。

样本归一化的方法有很多种，如利用极差、均值等进行计算。常用到的公式如下：

$$x' = \frac{x - x_{\min}}{x_{\max} - x_{\min}} \tag{6-1}$$

$$x' = \frac{x - x_{\mathrm{mid}}}{\frac{1}{2}(x_{\max} - x_{\min})}, \quad x_{\mathrm{mid}} = \frac{x_{\max} + x_{\min}}{2} \tag{6-2}$$

其中，x' 为 x 对应的归一化之后的数值，$x_{\max}$ 为数组中的最大值，$x_{\min}$ 为数组中的最小值，所以 $x_{\max} - x_{\min}$ 为数据样本的极差。x_{mid} 为样本数据的中间值，是极差的 1/2。根据计算原理可知，公式 (6-1) 可以将数值对应到

[0，1]，公式（6－2）可以将数值对应到［－1，1］[①]。鉴于本书要预测的数值没有负数，所以选用公式（6－1），将数值归一化对应到［0，1］。本书采用的是极差计算法。

在 Matlab 中的归一化实现语句如下：

```
for i =1:5
for j =1:15
p(i,j) =(p(i,j) -b) /(a -b);
end


end
```

其中，a 为数组中的极大值，b 为数组中的极小值，利用取极值函数 max 和 min 寻找。

按照该方法对所有的数据进行归一化处理，这样就得到了 11 组取值范围为［0，1］的样本。另外需要注明的一点是，在样本数据处理过程中，如有个别数据缺失，则用该列的平均值填补。

（二）训练函数的选取

一个完整的神经网络，主要依赖于两种函数：训练函数和传递函数。传递函数负责数据输出时的取值范围控制。根据本书第四章中的介绍，结合样本数据的分布情况，本书选取 logsig 作为传递函数。另一个函数——训练函数，它是决定神经网络训练性能的关键。训练函数的核心思想是梯度下降法。所谓梯度下降法，就是沿着函数的梯度方向进行搜索，以期找到其最优值的过程。这种算法依据的基本原理就是，沿着梯度方向，函数下降速度最快。

本章对几种梯度下降法的表现进行对比。在对比时，主要的衡量指标是固定训练次数内收敛精度和收敛过程的平滑性。精度越高、过程越平滑的函

---

① 邵球军. 中国钢铁企业可持续发展能力评价研究［D］. 北京：北京科技大学，2008.

数越应当被选择为训练函数。

　　利用同一组训练集，对不同训练函数的训练情况进行对比。BP 神经网络的训练过程具有一定的随机性，因为每次激活的神经元不一定相同。所以每次训练所得的结果并不稳定，可能该次训练表现很优秀的函数在下次训练中就会表现很差。最好的解决方案就是提高训练次数，通过反复多次的强化训练，提高其稳定性和可靠性。图 6-1~图 6-6 显示了较有代表性的训练情况。

　　图形显示，在该案例中，性能最好的是 traingd 和 traingdm 函数。traingdx 在初期迭代中效果很好，收敛速度较快，但由于 BP 神经网络算法自身的缺陷，即没有控制函数对上一次迭代结果进行取舍，导致算法在 90 次以后开始出现波动；并且由于没有及时加以人为控制，导致了最终的完全发散。

　　另外三种训练函数的精度虽能够满足训练要求，但是收敛过程不够平滑，有明显震动。这种算法上的不稳定性会给整个运算带来不可靠性。

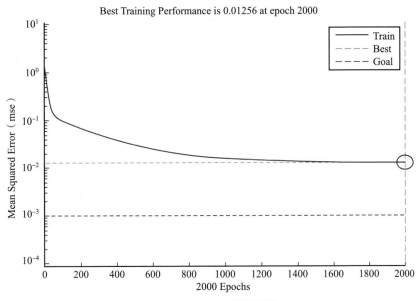

图 6-1　traingd 训练函数

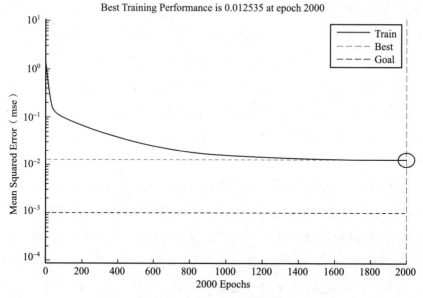

图 6 - 2　traingdm 训练函数

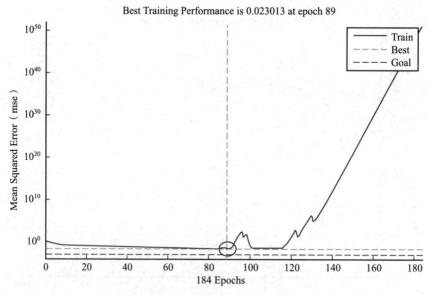

图 6 - 3　traingdx 训练函数

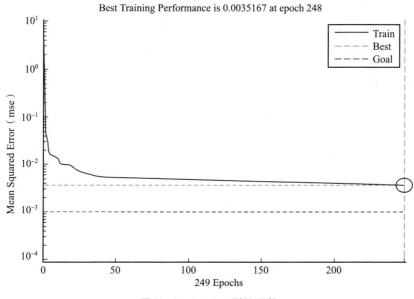

图 6-4 traincgf 训练函数

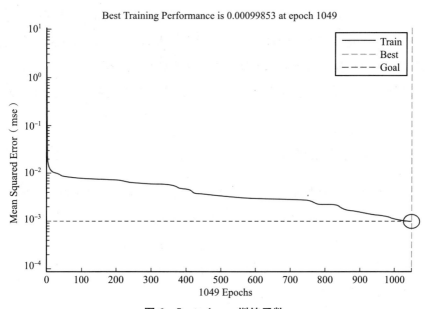

图 6-5 traincgp 训练函数

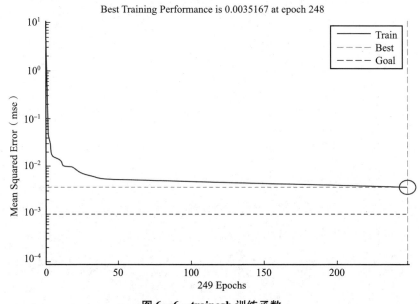

图 6 - 6　**traincgb 训练函数**

　　traingd 和 traindgm 的表现要平滑和稳定得多。traindgm 是改进过的 traingd 函数，它可以很方便地对参数设置进行人为的控制，是一种较为先进的函数，所以选择 traingdm 函数作为本案例中的训练函数。

　　训练的前提假设是样本数据相同、参数设置都保持默认，且训练次数相同。

（三）改进算法的参数确定

　　选取 traingdm 为训练函数，动量因子 α 的确定就显得至关重要。α 一般为 [0，1] 取值，其含义是本次训练的权值和上一次训练的权值之间的相关程度。越靠近 0，和上一次调整的权值关系越小；越靠近 1，和上一次调整的权值关系越大。Matlab 里默认的大小是 0.9，可以理解为本次训练的权值以 90% 百分比依赖于上次的取值①。

---

　　① 张守一. 宏观经济监测预警系统新方法论初探 [J]. 数量经济技术经济研究，1991（8）：23 - 33.

为了确定本实验中合适的参数，需要用实际数据进行仿真实验。本书分别取 $\alpha = 0.3$、0.5、0.8、0.9 进行模拟，其他参数保持算法默认值。

实现的关键语句为：

```
net = newff ( minmax ( p ), [ 11,1 ], {' logsig ',' purelin '},
'traingdm'),
```

```
% 对参数进行设定
net.trainParam.mc = 0.3(0.5,0.8,0.9);
net.trainParam.epoch = 2000;
net.trainParam.goal = 1e - 3,
```

```
% 训练该网络
[ net,tr ] = train(net,p,t);
```

当 $\alpha = 0.3$ 时，训练情况如图 6 - 7 所示。

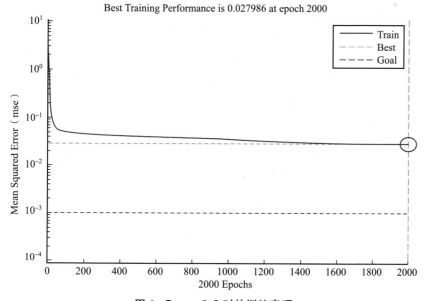

图 6 - 7　$\alpha = 0.3$ 时的训练表现

在训练次数 50 次左右有较为明显的拐点，拐点之前收敛速度很快，之后较为平缓。

当 $\alpha = 0.5$ 时，训练情况如图 6 – 8 所示。

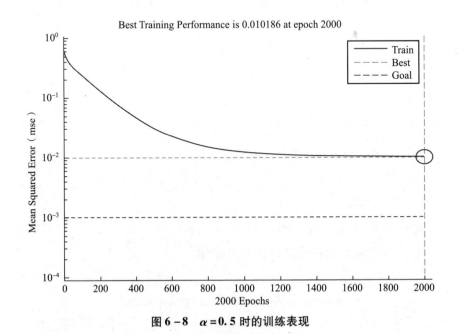

图 6 – 8　$\alpha = 0.5$ 时的训练表现

过程较为平缓，在前 1000 次训练中收敛速度较快，后 1000 次收敛速度较慢，无明显拐点。

当 $\alpha = 0.8$ 时，训练情况如图 6 – 9 所示。

在训练 30 次左右的时候出现明显拐点，拐点前后收敛速率变化较大；拐点之后到 800 次左右收敛情况较好。

当 $\alpha = 0.9$ 时，训练情况如图 6 – 10 所示。

在 50 次左右时有拐点，但较之 $\alpha = 0.3$ 的情况较为平滑。

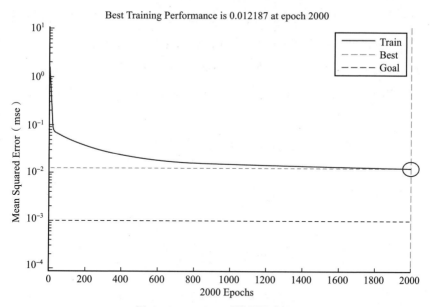

图 6 - 9　$\alpha = 0.8$ 时的训练表现

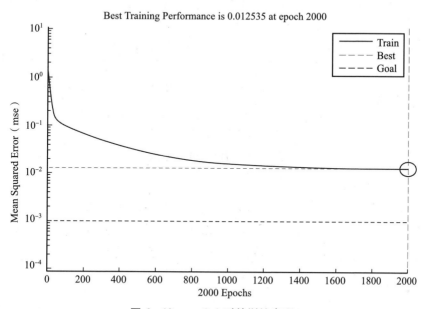

图 6 - 10　$\alpha = 0.9$ 时的训练表现

在 traingdm 训练函数中，默认的 α 取值为 0.9。但是在本书的研究案例中，经过对比可以发现，无论是 2000 次训练中的精度还是平滑度，$\alpha = 0.5$ 的取值都更合适。0.9 的取值在精度下降初期有较显著的波动，0.8 的取值在迭代 30 次左右时有明显的拐点，0.3 的取值在迭代 50 次左右时有明显拐点。

所以为了保证算法的正确率，在研究中，选择 $\alpha = 0.5$。

二、模型建立与算法实现

（一）BP 神经网络的建立与训练

隐层节点数根据经验公式 $m = \log 2^n$ 确定[1]。理论上已证明，在不限制隐含层节点的情况下，只有一个隐含层的 BP 就可以实现任意非线性映射[2]。本例中计算值为 4.515，取 5 个神经元，一个隐层，结构如图 6 – 11 所示。

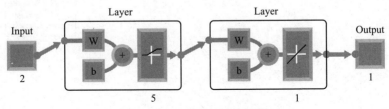

图 6 – 11　BP 神经网络结构

在对网络进行训练时，本书采用 2005 —2014 年的粗钢产量作为输入训练集，以 2005 —2014 年的能耗作为输出训练集。根据前文的讨论，训练函数采用 traingdm，动量因子取精度和平滑性较好的 0.5，训练次数为 2000 次，精度要求为 10^{-3}。

① Llew M，Jonathan B，Peter L B，et al. *Boosting Algorithmsas Gradient Descent* [J]. *Proceedings of Advances in Neural Information Processing Systems.* USA：MIT Press，1999：512 – 518.

② 贾俊平. 统计学 [M].3 版. 北京：中国人民大学出版社，2009.

训练完成之后，本书利用 2015 年的数据作为测试集进行验证，测试结果显示预测值与实际值的曲线拟合较好，分布趋势基本重合。这说明 BP 神经网络算法适合本案例中的研究情况，而训练函数的选取和参数的设置都是较为合理的，可以进行下一步的预测和算法的改进。

（二）BP 神经网络的仿真与预测

利用训练好的神经网络，对 2023 年 15 家大型钢铁企业的吨钢综合能耗进行预测。预测涉及的核心语句为：

an1 = sim(net,'输入变量')

利用本书建立的 BP 网络弱预测器得到的 2018 — 2023 年的数据预测数据如图 6 - 12 所示。

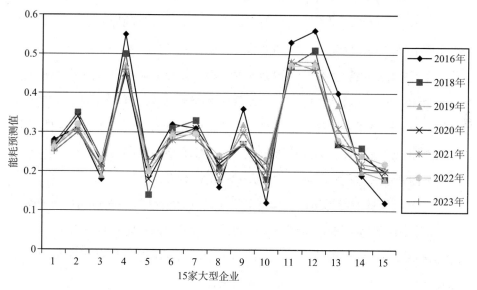

图 6 - 12　2018 — 2023 年大型钢铁企业的能耗预测情况

结果显示，15 家企业在整个样本中所处的位置基本没有变化，即原本相对能耗处于哪个层面，5 年后仍处于该层面；整体能耗呈现下降的趋势，且趋势趋向平缓，大部分企业的能耗水平趋于集中，聚拢在一个水平附近。

至此，就完成了一个弱预测器的参数设置和预测工作。从以上图形和数字结果来看，该弱预测器预测精度是比较高的，预测值和实际值的曲线无论是趋势还是数值都在可接受范围内。这样，接下来的工作就可以在一个较高的起点上开始。

下一步的工作，是建立 15 个这样的弱预测器，将其加权并联，利用强学习算法 Adaboost 得到效果更好的强预测器。依据的思想就是第四章介绍的 Adaboost 框架，基本算法实现是多次的迭代训练和两个权值的调整。具体的实现步骤，将在第七章详细介绍。

三、BP 神经网络的不足

尽管 BP 算法是神经网络算法中得到最广泛应用的算法，但其也存在着自身的不足。导致这些不足的主要原因是 BP 算法自身的原理。由于 BP 算法实质上是非线性优化问题的梯度算法，而梯度算法很容易导致收敛性的问题。也就是说，该算法很有可能会导致结果落入局部极小点，而不是均方误差的全局最小点。这就会进一步导致整个网络陷入不正确的工作模式当中。总的来说，网络误差在高维空间中是形状扭曲复杂的曲面，在这样的曲面上多次连续地沿着负梯度方向调整权值，就可能会出现各种随机的错误。

下面就学习过程中可能出现的几种情况进行介绍①。

（1）局部极小点的问题。梯度下降法的原理就是从一随机初始点开始，沿着误差函数的空间曲面不断搜索，每次搜索的方向都是负梯度方向，逐渐达到误差最小值。这种搜索机制在凹凸不平的曲面中并不是很有效率，可能陷在某一个局部极小值点的凹坑中无法跳出。

（2）下降速率问题。在曲面上，总会存在一些较为平坦的区域，在这些区域中，函数的导数趋近于零，负梯度方向的减小值也十分有限。这就导

---

① 王维，张英堂．BP 神经网络进行时间序列预测的不足及改进［J］．计算机工程与设计，2007（11）：5292－5294．

致了在平坦区域内连接权值调整缓慢的现象。这时即使误差较大，但梯度调整过程几乎处于停顿状态。

（3）在极小值点附近震荡。在极小值点附近的曲面如果比较不平整，就可能导致取值每次都越过极小值点而始终不收敛，在极小值点周围振荡。

（4）稳定性不高，鲁棒性较差。这与梯度算法无关，是神经网络的结构决定的。在并列的多个神经元中，每次训练激活的都不一定是同样的一批神经元，所以记过每次都会有差异，而且有时差距较大。这在一定程度上导致了实验的不可重复性，也使得实验结果数据显得不那么可信。只有通过多次试验观察其统计分布情况才能得出结论。

正因为这些缺点，才引发了学术界对 BP 神经网络算法的各种改进算法的讨论。每种算法都有各自的优点，从不同的角度解决了该算法的缺陷。本书讨论的算法主要解决的是第 4 个缺点，也就是通过并联多个神经网络来提高其稳定性和可靠性，使得结果更加可信和真实。

第七章

基于 Adaboost 算法的强分类器

一、强预测算法的实现

(一) 框架算法的代码实现

第六章讨论了弱预测器 BP 算法的改进，也就是实现了单个弱预测器的预测优化，下面讨论强预测器的实现。首先给出该算法的 Matlab 实现方法。核心语句如下：

```
K =15;
```

```
% 循环开始
for i =1:K
```

```
% 弱预测器的训练
>> net =newff(minmax(px2005),[5,1],{'logsig','purelin'},
'traingdm');
>> net.trainParam.show =100;
>> net.trainParam.mc =0.5;
```

```
% α 的取值
 >> net.trainParam.epochs =2000;
% 2000 次迭代
 >> net.trainParam.goal =10⁻³;
```
% α 的取值
```
 >> net.trainParam.epochs =2000;
```
% 2000 次迭代
```
 >> net.trainParam.goal = 10^{-3};
```
% 精度要求 10^{-3}
```
 >>[net,tr] =train(net,px2005,p(3,:));
```

% 弱预测器的预测与误差计算
```
an1 = sim(net,px2005);
......
an10 = sim(net,px2014);
```

% 利用训练好的网络进行预测
```
erroryc(i,:) =px2015 – an10;
```
% 求 2015 年误差用以检验测试

% 下面调整样本权重 D 值
```
Error(i) =0;
for j =1:3
if abs(erroryc(i,j)) >0.08
Error(i) = Error(i) +D(i,j);
D(i +1,j) =D(i,j)*1.1;
else
D(i +1,j) =D(i,j);
end
end
```

% 如果预测误差大于 0.08 则调整新的 D 为原来的 1.1 倍;如果小于

0.08 则保持 D 值不变

```
at(i) = 0.5/exp(abs(Error(i)));
% 计算每个弱预测器的权重
D(i+1,:) = D(i+1,:)/sum(D(i+1,:));
% D 值归一化
end


% 弱预测器权重归一化
at = at/sum(at);


% 强预测器预测
for K = 1:15
output(k) = at(k) * an3(k)
% 每个弱预测器结果加权求和得到强预测器的运算结果
end


% 强预测器误差计算
Err = abs(px2015 - output)
```

代码中，K 是并联的弱预测器个数，这是根据数据的维数确定的，所以本书是 15。D 是每次运算时不断进行调整的样本权重，at 是针对每个预测器的并联权重。D 值和 at 值在每次迭代结束后都会进行调整，这也反映出权重是相对权重而不是绝对权重。也就是说，这两个权重都是要根据上次预测的结果或临近的弱预测器的预测准确度进行调整的。利用强预测器计算得出的误差如图 7 - 1 所示。

由图 7 - 1 可以看出，强预测器的预测误差分布在 ± 0.15 之间，是一个比较小的数值。

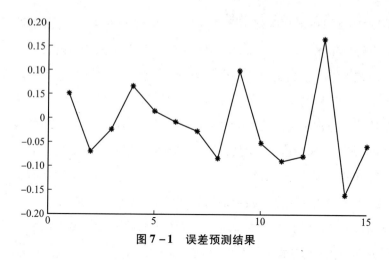

图 7 - 1　误差预测结果

（二）结果分析

上一节中，利用 Matlab 提供的编程接口实现了在 Adaboost 框架下的 BP 算法强预测器预测。由于考虑到权重的影响和样本迭代次数的增加，该算法在预测准确度上有了很大的提升。

将预测误差结果与弱预测器得出的误差进行比较，结论如图 7 - 2 所示。

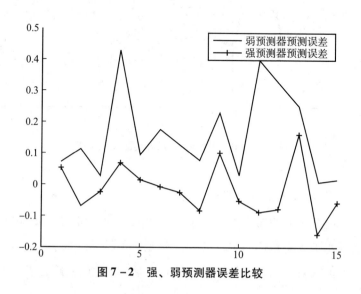

图 7 - 2　强、弱预测器误差比较

由图 7-2 可以看出，强预测器的预测误差要小一些，这也证明了强预测器是更好的预测方法。弱预测器的预测结果比真实值普遍偏大一些，而强预测器的预测结果在真实值左右小范围波动。当然，这有可能是因为激活的神经元不同而导致的个别现象，并不能一概而论地得出强预测器比弱预测器要好的结论，但这至少从某一个方面反映出强预测器更加稳定和可靠。

如上所述，经过检测证明强预测器的效果更好，精度更高。下一步就是利用训练好的强预测器对数据进行预测。这里采用的样本仍然是前文介绍过的 11 组 15 维的能耗数据，实现语句是"Sim"模拟仿真语句。

利用带权值的强预测器对 2018—2023 年的数据进行逐年预测，得到的能耗趋势如图 7-3 所示。

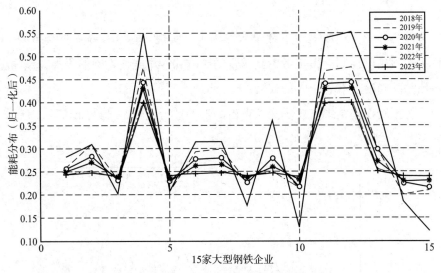

图 7-3　BP_Adaboost 强分类器预测结果

由图 7-3 可以得出以下四点结论。

第一，所有企业的能耗水平，总的趋势是逐年下降的，由 2018—2023 年平均能耗水平逐年降低，2023 年已经降至一个较低的水平。

第二，能耗较高的企业与能耗较低的企业有较大的差距，表现为折线的尖峰和低谷的极差较大，这可能是技术、设备、规模等多方面的原因所致。

第三，随着时间的推移，各企业之间的差距在逐渐缩小，趋近一致，波动幅度每一年都比上一年更小，趋向更平缓。

第四，能耗水平下降的速率在逐年降低。也就是说"十三五"初期钢铁能耗下降的空间较大，后期随着时间的推移下降空间逐渐减小。

二、能耗预警的实现

（一）代码实现

利用基于 BP_Adaboost 强分类器进行预测得到的结果为 [0, 1]，对其反归一化可以得到真实的预测值。预测结果如表 7 – 1 所示。

表 7 – 1　　　　　　　　　　BP_Adaboost 算法预测结果

企业	2018 年	2019 年	2020 年	2021 年	2022 年	2023 年
A	572. 5366	570. 5953	568. 3471	567. 3816	566. 6361	566. 2599
B	590. 0219	579. 9539	575. 7466	571. 6046	569. 3993	567. 8522
C	562. 7312	561. 91	564. 3615	564. 5465	565. 1666	565. 3132
D	638. 13	626. 662	608. 9327	604. 9934	601. 5773	598. 0516
E	554. 3501	561. 2806	562. 3544	564. 0988	564. 6144	565. 1148
F	583. 7886	577. 9142	573. 3212	570. 392	568. 5018	567. 3628
G	585. 9946	578. 8564	574. 2495	570. 8889	568. 8502	567. 5581
H	560. 4922	559. 685	563. 5223	563. 8886	564. 8603	565. 1039
I	579. 1205	578. 6629	572. 1945	570. 271	568. 1887	567. 2693
J	555. 3262	556. 7423	562. 0194	562. 9953	564. 3671	564. 81
K	645. 7935	636. 1015	621. 8093	617. 8851	614. 399	610. 768
L	638. 5756	626. 7271	622. 5337	618. 4913	601. 6302	611. 3975
M	588. 5636	588. 6703	579. 5713	576. 3521	573. 0601	571. 4466

续表

企业	2018 年	2019 年	2020 年	2021 年	2022 年	2023 年
N	553.9861	562.5208	564.43	566.5756	567.3298	567.9585
O	557.1727	559.3981	564.7535	565.8978	567.3053	567.792
均值	584.4389	581.712	578.5431	577.0842	575.0591	574.9372

从年度均值和企业均值两方面来看，年度均值是逐年递减的，而企业之间的差距依然存在。对照钢铁工业"十三五"规划来看，2020 年实现吨钢综合能耗 572 千克标准煤每吨还有一定的困难，主要是某些企业的能耗过高导致的整体能耗水平提升。如果想要实现规划要求的目标，主要工作是有针对性地对个别能耗过高的企业进行技术升级或产能控制，而不是针对整个行业的治理。

根据预测的数据，本书利用前文提到的警级划分策略，对数据进行分类预警。前面也提到过，预警实际上是一个分类过程，可能会用到 SVM 等常用分类器。事实上，BP 算法也是可以实现分类功能的。本书的研究中，BP算法主要用于实现预测功能，由于篇幅限制，在分类预警部分就采用了比较简单的"if"判断语句来实现，实现环境仍然是 Matlab R2010b。

2023 年的预警结果实现语句如下：

```
for i =1:15

if aa2015(i) >=604.034&aa2015(i) <604.034 +12.1
bb(i) =0
else if aa2015(i) >=604.034 +12.1&aa2015(i) <604.034 +
24.2
bb(i) =1
else if aa2015(i) >=604.034 +24.2&aa2015(i) <604.034 +
36.3
bb(i) =2
```

```
else if aa2015(i) >= 604.034 + 36.3 & aa2015(i) < 604.034 +
48.4
    bb(i) = 3
else if aa2015(i) >= 604.034 + 48.4 & aa2015(i) < = 664.5625
    bb(i) = 4

end
end
end
end
end
end
```

其中，12.1 是由 2015 年数据的极差除以 5 而来的，其实际意义在于企业间能耗的差异程度。用 D_e 表示该差异，则每一个级别的上下限分别为 $[\min, \min + D_e)$、$[\min + D_e, \min + 2D_e)$、$[\min + 2D_e, \min + 3D_e)$、$[\min + 3D_e, \min + 4D_e)$、$[\min + 4D_e, \max]$。

（二）结果分析

根据 Matlab 计算出的警级划分，可以对照得出每家企业所处的相对警级水平。Matlab 给出的结论是以数字显示的，需要人工加以解释，结果如表 7-2 所示。

表 7-2　　　　　　　　　15 家企业的预警结果

企业	A	B	C	D	E	F	G	H	I	J	K	L	M	N	O
警级	0	0	0	4	0	0	0	0	0	0	4	4	0	0	2
含义	安全	安全	安全	能耗高	安全	安全	安全	安全	安全	安全	能耗高	能耗高	安全	安全	可以改进

利用金字塔形式能更好、更直观地展示预警级别的划分。塔尖代表更高的预警级别，是尖锐而数量稀少的；塔底表示较低的预警级别，是平坦而数量较多的。预测结果显示，73%的企业集中在塔底区域，20%的企业集中在最高的塔尖，7%的企业位于塔的中间结构部分。15家企业的警级如图7-4所示。

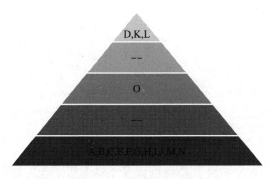

图7-4　警级划分示意

由表7-2可知，11家企业是安全的，其能耗控制在相对较低的水平；1家企业是可以改进的，其能耗并没有高到危险的程度，但是有很大的改进空间；3家企业是需要提出警告的，其能耗达到了较高的水平，已经影响到了自身的发展，甚至影响到整个行业的水平。因为作为大型企业，在行业内的影响力是很大的。这3家企业应该及时采取措施、控制能耗、节能减排。

图7-4是警级划分的示意图。越往金字塔塔尖警告级别越高，越往塔底则越安全。同样，本书可以得出结论，位于塔底层的11家企业是安全的，可以保持现有水平；位于中间层的一家企业是需要引起重视的，其能耗需要控制在可接受水平之内，不能继续恶化，否则会步入塔尖的行列；而位于塔尖的3家企业则需要引起高度重视，因为其能耗状况属于危险的情况，必须及时采取相应的控制措施来遏制能耗的进一步上升，并且尽快通过提升技术、更新设备等手段使能耗降低至安全水平。

需要再次强调，这种警级划分方式是相对划分，是在没有明确的绝对划分标准时采用的权宜之计。如果可以提供具体的划分数值标准，则可以采用更为科学可靠的 SVM 分类器，利用分割平面和分割线来对数据进行归类，再针对每一个类别进行分析。

至此，本书就完成了基于 BP_Adaboost 算法的能耗预测，并且根据相对水平对 15 家企业的能耗水平进行了警级划分。实验证明，BP_Adaboost 算法运转稳定，计算效率较高，处理 10×15 的样本数据用时约为 4.5 分钟，属于可以接受的范围；而且提高了预测准确度，降低了误差，减小了单个神经网络由于随机性造成的各种误差，避免了极端值的影响。因此，BP_Adaboost 算法是一种成功的改进算法。

第八章

结　　论

本书以 BP 神经网络和 Adaboost 框架算法为技术支撑，以 Matlab 矩阵实验室软件为实验平台，以 2005 —2015 年大型钢铁企业的吨钢综合能耗数据为研究对象，对企业 2018 —2023 年的能耗作出了预测，并根据数据分布给出了相对的警级划分，从而实现了能耗预警的目的。

由于实验数据的数量限制、算法本身的缺陷和作者本人水平有限，本书的研究不可能做到尽善尽美。但是本书的研究还是取得了阶段性的成果，并且引发了一些新的思考，可以对未来的研究工作起到一定的指导和帮助作用。本章就对研究取得的成果和未来的研究可能会涉及的领域进行总结。

一、研究成果

从前文的讨论中可以看出，本书既进行了算法的细化改进，又利用真实数据进行了实证分析。所以，研究成果主要可以从算法和能耗两方面进行总结。

（一）算法改进成果

（1）讨论了传统的 BP 算法在预测方面的应用；根据本书的实验数据，对 BP 神经网络的训练函数进行了逐一模拟、实验与比对，找到了其中最适合本组实验的函数 traingdm；在确定了训练函数的基础上，再利用实验数据对函数的各个参数进行微调。主要关注的参数是学习率 α，它决定了本次学习和上次学习的相关程度。经过多次重复试验，确定 α 比较合适的取值是 0.5。

（2）利用改进的 BP 算法作为弱学习算法，预测 15 家大型钢铁企业的能耗，并利用 2015 年的数据进行了检验。实验证明，弱学习器的预测结果在可接受范围内，在趋势和数值两方面都与实际结果相符。这证明本书进行的改进是切实有效的。

（3）根据样本维度 15，利用循环语句，建立了 15 组弱预测器，并利用同一组样本对 15 个弱预测器进行反复训练。每进行一次训练都对新添加的弱预测器进行权值调整，越不精确就赋予越大的权值，以确保其能更多地被训练到。全部训练完成后，根据每个预测器的最终精确程度赋予其新的权重，该权重的作用是体现对应的弱预测器在最终形成的强预测器中所起到的作用程度的大小。这就是 Adaboost 算法的思想精髓所在。

（4）利用构建在 Adaboost 算法框架下的强预测器对未来 5 年的大型钢铁企业的能耗进行预测。预测结果显示，强预测算法的误差比弱预测算法的误差要小，这就证明了本书选择的改进算法是可靠、有效的。

总之，算法方面得出的结论是：BP_Adaboost 算法在该样本条件下，是比单纯的 BP 算法更为精确和有效的算法。它降低了算法的误差，过滤了单次预测可能出现的异常情况，可以滑过奇异点，规避传统的神经网络由于每次激活的神经元都不同这一固有属性容易导致的实验结果不可靠的风险。

（二）能耗研究成果

（1）预测结果显示，在未来 5 年内，大型钢铁企业的能耗呈现逐年递减的趋势。2023 年已降至一个较低的水平，2023 年的平均能耗比 2018 年降低了约 1.8 个百分点。

（2）由于技术、规模、设备、人员素质等方面的区别，大型钢铁企业之间的能耗还有较为显著的差异。在差异最明显的时候，能耗较高的第 4、

第 11、第 12 三家企业和能耗较低的第 10、第 15 两家企业能耗水平相差 9
个百分点，这一差距还是比较显著的。这说明，虽然规模相似，但是企业之
间还是存在着能耗上的差异。导致这一现象的原因，有可能是硬件设备的更
新程度不同、采取的冶炼技术不同、人员招募和培训的素质不同或其他管理
上的问题。

（3）随着时间的推移，各企业之间的差距在逐渐缩小，趋近一致，波
动幅度每一年都比上一年更小，趋向更平缓。虽然差距是不可避免的，但是
随着技术的成熟和各方面条件的改善，企业之间能耗的差异在逐渐减小，各
个企业的水平在逐渐靠拢。这也从侧面反映出整个钢铁行业的水平在不断
提升。

（4）能耗水平下降的速率在逐年降低。也就是说"十三五"初期钢铁
能耗下降的空间较大，后期随着时间的推移，下降空间逐渐减小。

二、有待改进之处

本书进行的实验，还有很多不足以及考虑欠周全之处，这里对这些问题
做一个小结。

在实验中，为了方便操作，本书选取的数据和采用的方法有些经过了特
殊处理，很难确保这些处理不会对实验结果产生影响。下面就对这些调整进
行分析，在今后的研究中，可以有针对性地改进或尽可能避免这种现象发
生，以提高实验的可信度。

首先，为了保持维度的一致，本着"就少不就多"的原则，选取符合
条件企业数目最少的 2005 年作为基础。这就导致了后来年份中满足条件的
一部分企业没有机会参与预测。而这些企业作为新加入"大型企业"类别
的成员，必然有其过人之处，其能耗状况对整个行业的能耗水平有相当大的
影响。将其剔除出这个队列，会对预测的准确度造成影响。但是为了神经网
络预测时的可实现性，这种处理无法避免。

在后续实验中，如果有可能，尽量收集较为全面的数据，保留后几年中

新出现的大型企业，这样也能更好地分析能耗的趋势，对企业能耗水平作出更精确、更有针对性的预警。

其次，BP 神经网络预测算法本身的局限性。虽然添加了可控制的动量因子，但每次训练和仿真的结果随机性过大。虽已经过多次重复实验，但仍无法彻底避免随机因素的影响。就像动物的神经系统一样，它并不具备像电子设备 CPU 一样精确而可重复的运算功能，而是模糊地、自行地学习和运算。所以，正如每次的思维不会完全一致一样，神经网络的每次预测也不尽相同。由此就降低了算法的可信度和鲁棒性。Adaboost 算法并行集合了多个神经网络，虽然可以有效避免单个神经网络的随机性，但是不可能完全消除神经网络的固有缺点。如神经网络的学习算法——梯度下降法，就会导致局部收敛或滑过最优点等问题。

针对这一现象，最有效而可行的办法就是提高训练次数，通过多次的训练和反复的学习，强化每一个神经元的识别率，进而提升整个模型的准确率。但是这样做的代价就是较长的运算时间和大量的样本收集。所以，应该尽量在准确度和效率之间寻求一个平衡点。在不会过分提升工作量的基础上尽可能保证效率。

另外，虽然神经网络的预测过程已经囊括了外界因素的影响，但是 2009 年之后出台的新政策、研制的新技术、上线的新设备等因素却不可避免地对结果产生影响，而神经网络却无法预见。例如，日本地震对全球经济的影响会不会影响到钢铁行业？澳洲突降暴雨会不会严重影响铁矿石的价格？国家会不会出台新的政策硬性规定能源消耗水平？在高炉转炉等技术方面会不会有突破性进展？硬件设备会不会改朝换代？这些因素的突然加入，会影响整个算法的准确性。这些因素是训练样本中完全没有涉及的，所以神经网络不可能将其考虑在预测影响因素的范围之内，也就没法给出正确的结果。

面对这一问题，唯一的途径就是不断地更新算法样本数据，或者给算法加入变量调整其计算方式，将新出现的影响因素添加到已有的模型中，不断修正，以适应外生变量的变化。

最后一点就是警级的划分。本书中的警级划分采用了相对划分的方法，即根据数据分布情况将整个总体进行划分。但这样是不够严谨的，因为相对水平不能反映其绝对大小。另外，具体划分为几个警示级别也是主观上确定的，这样并不能保证其科学性。

为了解决这些问题，使实验更加严谨科学，应该聘请专家对其进行论证。确定划分警级的绝对标准，给出划分的科学依据和适当的数量。同时，应该建立面向整个行业的预警机制，不仅针对大型企业，而是针对钢铁行业的每一个参与者。利用预警机制，敦促和提醒企业进行能耗控制，抓好节能减排的任务，保护环境，以促进整个行业的稳定发展。

第九章

专题探讨——钢铁企业
可持续发展系统的思考

一、钢铁企业可持续发展系统（ISESDS）的定义

钢铁企业可持续发展系统涉及"钢铁企业""可持续发展""系统"三个概念，因此，该系统的定义应体现"钢铁企业"的特点，符合"可持续发展"的要求，具有"系统"的特性。[1][2][3]

目前，提到的相关概念有"可持续发展系统""区域可持续发展系统""农业可持续发展系统""矿区可持续发展系统"[4] "制造业可持续发展系统"[5] 等。钢铁业是社会经济发展需要的一个产业部门，其可持续发展是一个行业范畴的可持续发展问题。所以对于钢铁企业可持续发展概念的界定，既应符合国际上公认的可持续发展主导精神，又要体现钢铁企业的行业

---

[1] UNCTAD. *World Investment Report 2000 – cross-border Mergers and Acquisitions and Development* (2000, 10). www. unctad. org.

[2] 中国科学院可持续发展研究组 . 2006 中国可持续发展战略报告 [M]. 北京：科学出版社，2006.

[3] 中国科学院可持续发展研究组 . 2007 中国可持续发展战略报告 [M]. 北京：科学出版社，2007.

[4] 杨明 . 可持续发展的矿业开发模式研究 [D]. 长沙：中南大学，2001.

[5] 李健 . 制造业可持续发展理论、模式与评价方法研究 [D]. 天津：天津大学，2002.

特点和部门的职能职责。本书在借鉴上述定义和遵循可持续发展总体原则的基础上，密切结合钢铁企业的典型特点，并注重从可操作性的角度出发，将钢铁企业可持续发展系统定义为：钢铁企业可持续发展系统是使钢铁产品的生产与经济、生态和社会效益协调发展需要相适应，通过人力、资源、经济、技术、管理、环境等内部子系统与外部自然环境、社会环境的相互作用、相互影响、相互制约，实现价值增值、物质循环、能源转换和信息传递功能开放的生产系统（Iron and Steel Enterprise Sustainable Development System，ISESDS）。

一个钢铁企业是由人力、资源、经济、技术、管理、环境等子系统在特定地域内为实现特定功能而有序组合形成的，可用以下概念模型描述其可持续发展能力：

$$\max(\text{ISESDS}) = f(x_1,\ x_2,\ x_3,\ x_4,\ x_5,\ E,\ S)$$

ISESDS：钢铁企业可持续发展系统；

x_1，x_2，x_3，x_4，x_5：内部子系统；

x_1：人力资源；x_2：物质资源；x_3：经济资源；x_4：技术资源；x_5：管理水平；

E：自然环境；S：社会环境。

（一）ISESDS 的特性

钢铁企业可持续发展系统除了具备可持续发展系统所具有的一般特点外，还具有自身的特点。

1. 经济性

ISESDS 是一个经济系统，以追求经济利益为主要目的。一个钢铁企业如果长期亏损也就失去了存在的意义。因此，经济性是 ISESDS 的首要特性。

2. 人本性

人是钢铁企业的主体和调控者，钢铁企业是人按照一定目的所建立的人造系统。因此，钢铁企业可持续发展系统的发展受人的主观意志和决策环节的影响很大。基于这一特点，树立可持续发展的世界观和价值观是实现钢铁企业可持续发展的基础和关键。

3. 地域性

ISESDS 具有一定的位置和边界，它由人力、资源、经济、技术、管理、环境六个子系统组成。由于不同地区间的自然环境和社会环境均存在着差异，这些差异在时间和空间上的"耦合"，必然使 ISESDS 内各子系统产生差异性。因此，地域的差异性决定了 ISESDS 的实践必须"因地制宜"，同时又要不妨碍其他地域的发展。

4. 层级性

一个国家内部，由于地理位置、自然条件和经济发展的不平衡，形成了省级、地市级、县级、乡镇级等不同层级的钢铁生产企业，或者按规模分类，又形成了不同规模的钢铁企业。在评价 ISESDS 时必须考虑处在各个层级的钢铁企业的现状，分层、分级实施。

（二）ISESDS 的结构分析

ISESDS 是由人力、资源、经济、技术、管理、环境六个子系统组成的复杂系统，它们之间的结构关系可以理解为以人力资源为核心的集成系统（见图 9-1）。

第一层，人力子系统是由人的综合素质（价值观、管理素质、技术素质）决定的。人是 ISESDS 发展的组织者和调控者，人的可持续发展价值观的形成是实现钢铁企业可持续发展的根本。管理和技术是实现钢铁企业可持续发展的手段，但是管理调控和科学技术对可持续发展的促进作用是建立在人的可持续发展价值观基础之上的，如果人的价值观与可持续发展相悖，管理调控和科学技术不仅不会促进区域发展，而且很可能阻碍可持续发展的实现。

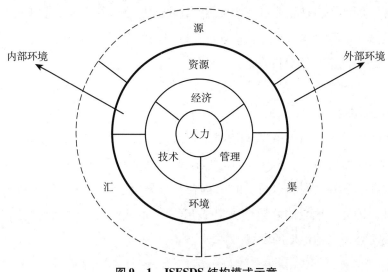

图 9 - 1　ISESDS 结构模式示意

第二层，经济、技术、管理子系统是由钢铁企业将铁矿资源转化为钢铁产品的过程中所采取的各种经济、技术、管理手段和方法的水平决定的。在市场经济条件下，钢铁企业的运行涉及生产、交换、分配、消费经济活动的四个环节，各环节具有不同的功能，相互间存在着内在的必然联系和衔接关系；生产决定交换、分配和消费；而交换、分配和消费又反过来影响生产。它们之间相互转换形成钢铁企业的不断循环运动，构成生产和再生产过程。在钢铁企业运行的过程中，有两个环节会对资源和环境子系统产生直接的影响：一个是生产环节。由于生产过程是一个物质能量转换过程，即把铁矿资源转化为钢铁产品的过程。在生产过程中或多或少总要产生一些废弃物，尤其是那些生产设备差、技术水平低的钢铁企业，这是造成资源浪费和环境污染的重要原因。另一个是消费环节（钢铁生产系统应延伸到的环节）。生产环节形成的满足各种用途的产品，经交换、分配进入消费环节，维持社会经济运行的需求。在这个过程中，同样也消费各种物质和能量，消费了的钢铁产品并未消失，而是转化成了其他形式的物质或废钢进入环境。上述各个环节对资源和环境的影响程度，与钢铁企业中经济、技术、管理三个子系统的发展水平有直接关系。经济子系统的发展水平是由钢铁企业筹措资金、运作资金、扩充资金的水平决定的，如果一个钢铁企业缺乏资金，资金运转困难，那么其装备水平、铁矿资源和能源的利用效率必然是低水平的；对资源和环境的破坏也就严重。技术子系统的发展水平是由钢铁企业产品的设计、生产技术水平决定的，如果一个钢铁企业设计、生产工艺落后，其产品性能、质量、成本就必然落后，企业就很难持续发展。管理子系统的发展水平是由钢铁企业资料获得、生产、销售的调控水平决定的，一个钢铁企业的管理水平低，必然造成人力、物力、财力的浪费。综上所述，钢铁企业中经济、技术、管理三个子系统的发展水平在某种程度上决定了钢铁企业的可持续发展水平。

第三层，资源、环境子系统是由资源与环境构成的基础圈层。资源（物资、能源）是钢铁企业运行的基础。钢铁企业的发展需要综合利用各种资源（可再生资源、不可再生资源），但是由于系统的地域差异性，不同地域内资源的数量、质量及获取难易程度各不相同。所以，不同地域的钢铁企业在其发展过程中，可根据自己的资源获得特征，选择不同的发展模式，但要有利于国家和地区的可持续发展。钢铁企业需要不断提高铁矿资源利用效率、进口国外铁矿，直接或间接地扩大铁矿资源的可利用量，但是铁矿资源毕竟是有限的，中国近10年钢铁生产的高速发展使得铁矿资源成为钢铁企业的制约因素，在水资源方面也形成了相应的约束。环境（钢铁企业内及周围环境）是钢铁企业赖以生存的基础，它既为钢铁企业运行提供生产资源并容纳废弃物，又为钢铁企业中人的活动提供空间和载体。由于环境系统对钢铁企业运行的支持能力有一定限度，即存在一个阈值。当钢铁企业的运行对环境的作用超过了环境所能支持的限度，即外界的"刺激"超出了环境系统维持其动态平衡的抗干扰能力时，就会造成种种环境问题，如水资源污染、大气污染、粉尘污染、噪声污染等会影响人体健康，最终影响到钢铁企业发展并导致其系统中人的有效福利下降，严重时会影响到人的生存。

第四层，是钢铁企业的外部环境，具有源、渠、汇的功能，是钢铁企业的外部支持系统。严格地说，第四层不是系统的组成部分，但是现代钢铁企业是一个开放系统，和外部环境之间存在着强烈的能源流、物质流、信息流和价值流的交换。外部支持系统能够为钢铁企业储存、提供或运输物质、能量和信息，按照其对钢铁企业的服务功能将其分为三种类型：①源。向钢铁企业提供物质、能量、信息、人才、资金等，起着孕育、供养、支持系统的作用。②汇。吸收、消化、降解钢铁企业的产品、副产品及废物等。③渠。在源、汇和系统之间起输导、运输作用，输入物质、能量、信息、人才、资金等，输出产品和代谢产物等。此层的外层边界是模糊的，本书在图 9-1 中用虚线表示。

（三）ISESDS 的功能分析

ISESDS 的主要目的是持续地满足人们对钢铁产品不断增长的需求，包括后代人的需求。该目的的最终实现取决于钢铁企业的生产能否高效、和谐、均衡地持续进行。钢铁企业通过物质、能量、价值、信息的流动与转化关系把系统内的各成分、因子联结成一个有机整体。钢铁生产系统内进行的是物质流、能源流、价值流（资金流）、信息流的不断交换和融合过程，ISESDS 的运动和发展，要通过这些"流"的运动过程体现出来。因此，从本质上说，价值增值、能量流动、物质循环、信息传递是 ISESDS 的功能。

1. 价值增值

钢铁企业在生产过程中，通过有目的的劳动，把铁矿资源变成钢铁产品，价值就沿着生产链（供应链、加工链、销售链）不断形成，同时实现价值的转移和价值的增值，最后通过市场买卖，以交换价值反映出来。钢铁产品的价值形成、增值、转移、实现过程，称为价值流。

价值流的形成与增值需经过三个阶段：①准备阶段。即进行生产条件的准备，该阶段是在流通领域里通过交换活动实现的，如铁矿资源、劳动力的准备，市场信息的准备等。②转换阶段。这是价值流形成和增值的主要阶段，是在具体的钢铁生产过程中进行的。劳动者通过合乎目的的劳动，运用一定的技术手段和劳动技能，从而把劳动时间转换在产品中。因而在创造出新的使用价值的同时，不仅把消耗的生产资料的价值转移到了产品的价值中，而且劳动者在劳动过程中消耗了一定量的抽象劳动，又创造了一定量的新价值，使价值有所增加。价值增值的幅度主要取决于劳动者的素质和生产技术水平及生产管理水平的高低，所以，科技和管理调控对价值增值影响很大。③实现阶段。这是价值流的终点，也是下一个再生产过程价值流的起点，它是在流通领域实现的。如果钢铁产品不符合社会的需要，或者质次价高，产品将卖不出去，价值就不能实现，价值流被阻断，钢铁企业的生产与再生产过程就难以为继。图 9-2 描述了 ISESDS 价值增值三个阶段的内容。

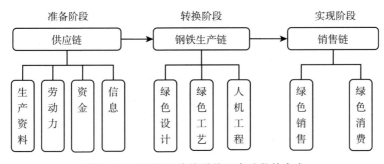

图 9-2　ISESDS 价值增值三个阶段的内容

2. 物质循环

客观世界的物质都处于不断的循环运动之中，循环使物质可以被重复利用。物质在一个系统中以某种具体形态散失了，又在另一个系统中以某种具体形态出现，从而使之在不同系统之间反复利用。物质的这种运动周而复始地进行着，称为物流。

钢铁企业物质循环的实质，是人们通过生产活动与自然界进行物质交换的过程。在此过程中，人们改变自然物质的形态，加工成人们所需要的物质产品，满足人类物质和精神生活的需要，从而使人类自身的生产和再生产得到维持与发展。在这里，物质循环的过程本质上是自然的人化过程。由此可见，物质循环的过程不仅是自然作用过程，而且是社会经济过程，是自然过程和社会经济过程相互作用的发展过程。

所有的物流可分为两大类：一类是自然界的物质循环，称为自然物流。

它是通过生产者→消费者→分解者→环境→生产者的序列过程进行的，即生态学上所说的物质循环。第二类是社会经济中的物质循环。是由于人类活动干预自然物流而引起的物质循环，称为经济物流。它是通过生产→分配→交换→消费过程在社会各经济部门之间循环流动的。任何社会生产过程都是再生产过程，不是一次结束，而是不断反复、不断更新。社会生产和再生产过程是社会与自然界之间的有机结合，二者互相渗透。因此，钢铁企业的物流就是资源环境系统中的自然物流和社会经济系统中的经济物流的有机结合、相互转化、不断循环的运动过程。钢铁企业主要起物质转化作用，因此，可持续发展的钢铁企业就是力求通过有效地干预自然物流实现物质的高效率转化。

3. 能量流动

物质循环和能量流动总是同时进行的，在物质循环进行的同时就伴随着能量的流动，所以，能量是结合物质循环的渠道流动的。与物流一样，能流也有两种：一种是自然能流，包括太阳能流、生物能流、矿物化石能流等；另一种是经济能流，它是沿着人们的经济行为、技术行为规定的方向传递和变换的，即通过开采、运输、加工、消耗到废弃的序列过程进行的。在经济能流转化为自然物流的过程中，能源的开发与利用以及经济能流的消耗，都会排出大量污染物质和有害辐射。能量随生产链逐级递减，而有害物质不断增加、积累，导致环境污染和生态破坏的严重后果，并最终影响到系统的物质循环和能量流动。钢铁企业是社会经济系统中能源消耗的大户，因此，钢铁生产系统内合理的能量流动是 ISESDS 的一项重要功能。

4. 信息传递

人类的社会经济活动过程是一个客观的物质运动过程，同时又是一个信息的获取、存储、加工、传递和转化过程。这种以物质和能量为载体，通过物流和能量转换而实现信息的获取、存储、加工、传递和转化的过程，称为信息流。

信息传递是钢铁企业生产系统的重要特征。现代社会经济条件下的人类社会经济活动，本质上是一种信息活动。人类要想有效地进行社会经济活动，就必须有足够的信息，信息流是现代钢铁企业的"神经系统"，如果信息量过小或流动中断，生产和再生产就会失去控制，从而导致系统的不协调和混乱。信息传递是管理部门有效地组织和控制系统正常运转的基本手段，其关键是要搞好信息管理，促进信息流在系统内的畅通并加快其流速、加大其流量。

过去，人们重视社会经济信息的获取、传递和反馈，而忽视了环境变化和资源变化的自然信息，从而产生了无偿地掠夺开发自然资源、污染环境等一系列严重后果。因此，要有效地管理、调控钢铁生产系统，使之朝着可持续发展的方向前进，必须重视社会经济信息和资源环境信息的管理，信息流的畅通是钢铁企业可持续发展的基础。

钢铁企业是物流、能流、信息流（含资金流）的统一体。钢铁的生产和再生产过程，是物质变换和价值形成与增值的统一，即是物质循环、能量流动和价值增值的统一：而信息传递是这种物质变换的生产过程和价值形成与增值过程及其相互作用的客观反映，因而钢铁生产和再生产过程是物流、能流、价值流和信息流汇合的过程。物流和能流是物质基础，价值流体现了物质与能量流动的有效性，并使系统变化和发展，人们可以通过信息流控制和调节这些"流"的速度、流量和方式，使之符合可持续发展的要求。总之，价值增值、物质循环、能量流动、信息传递构成了 ISESDS 的四大功能，它们之间相互联系、相互作用，推动着钢铁企业生产系统的不断运动和发展。因此，评价 ISESDS 的指标体系就应反映这四大功能的强弱。图 9-3 给出了 ISESDS 的四大功能关联示意。

（四）ISESDS 的发展性分析

可持续发展的表述形式多种多样，考虑到可持续发展的时空公平原则及其系统性和实践性，按照钢铁企业可持续发展的定义，由人力、资源、经济、技术、管理、环境子系统组成的钢铁生产系统的可持续发展应包括以下内容。①

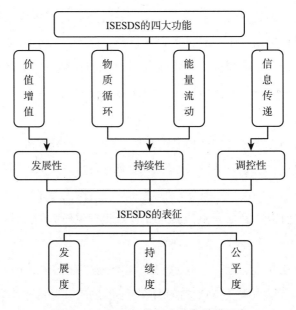

图 9 – 3　ISESDS 的四大功能关联示意

1. 系统结构与运行机制的优化

钢铁企业作为一个微观经济系统，在其经济结构的优化过程中，经济系统的组织、管理及运行方面的相应优化就组成了其运行机制的优化。某一经济结构必然对应一定的经济机制，而其功能能否充分发挥又是其机制合理性的写照，所以，二者是一个问题的两个方面。

经济结构与运行机制的优化是实现钢铁企业可持续发展的一个至关重要的要素。鉴于此，本书从系统的结构和功能两方面入手，分析钢铁企业可持续发展系统的特点。由于系统的结构和功能是密切相关的，结构决定功能，而功能的强弱又反映出结构的优劣，一个可持续发展的钢铁企业的功能表现应具备以下两个特点。

---

① 顾培亮. 系统分析与协调［M］. 天津：天津大学出版社，1998.

（1）具备较高的循环转化率。循环转化率是指物质转化过程中完成转化的物质与参与循环的物质之比。在一个循环过程中，物质、能量或价值沿着生产链依次向较高一级传递和转化。在这个过程中，必有一部分物质和能量不能完成转化而重新进入环境，这部分物质和能量越少，则系统的循环转化率越高。钢铁企业循环转化率的表现就是生产力水平，以尽可能小的投入和尽可能少的中间废弃物争取尽可能多的产出，这就是高循环转化率的钢铁企业。任何开放系统的运行势必有一定的物质与能量的损耗，钢铁企业也不例外，关键是如何通过结构优化降低这种损耗。作为钢铁企业应努力实现三个层次的循环，即企业内部的物质循环（企业层）、相关企业的物质循环（共生层）、消费层的物质循环（社会层）。

（2）具备一定的稳定性及功能的持久性。稳定性是指系统抵抗外界干扰而保持正常功能和动态平衡的能力；持久性指系统的高效功能具有一定的持续性和不断加强的内在机制，并不是任何高效的系统都是稳定和持久的。有的系统目前的高效运行是建立在高度内损基础上或以牺牲其存在条件为代价的，这样的系统是不可持续的。例如，一个高速发展的钢铁企业，如果其增长是以抑制或损害本地域的其他产业而发展，追求短期效益而获得的，或者其经济的增长建立在高度的环境污染或生态破坏的基础上，则其发展无疑是不可持续的，其系统结构也是不可取的。

所以，一个具备可持续发展的钢铁企业，应该是高效、低耗、无废弃物、少污染和持久、稳定的，并且在演化过程中能够随着发展而不断调整和演进。

2. 系统内人员生活、工作质量和福利的持续提高

钢铁企业内人员生活、工作质量的提高不仅局限于物质生活水平（工资水平）的提高，还包括丰富的精神生活、舒适宜人的工作环境、充裕的闲暇、持续延长的劳动寿命、和睦的人际关系等内容；生活、工作质量、福利的持续提高则包括住房、医疗、保险、教育、养老制度等方面的逐步提高和完善。这一切的实现都以钢铁企业的经济发展和企业内外资源环境改善、

保护的持续性为基础，其衡量标准大多是主观的感受，所以不仅与一定的发展阶段有关，更与人们对发展的认识有关。由此可见，不同地域的钢铁企业可持续发展水平的高低既受客观指标的影响，也受人们主观认识的影响。因此，钢铁企业可持续发展的评价标准应考虑地域的影响。

3. 人的观念的可持续性转变

可持续发展是因为人的需要，也是为了满足人的需要，而对可持续发展的追求又是为了能够持久地满足人类的需要。钢铁企业中的人力资源与社会中的人一样，具有三个方面的特点：首先，他是消费者；其次，他是生产者；最后，他还要实现自身的再生产。所以，钢铁企业中的人力资源观念的可持续性转变就是：树立可持续的生产观、可持续的消费观和可持续的人力再生产观。

前两方面的实质是要求人们更新观念，改变现行的生产方式、消费方式和传统的发展观念，建立人与自然和谐相处的新的生产方式和消费方式，建立与此相适应的可持续发展观。钢铁企业中决策者的可持续发展观尤为重要，是钢铁企业能否实现可持续发展的最关键的要素之一。

4. 技术创新能力

技术创新是一个民族的灵魂，一个民族只有不断地创新才能推动经济的发展和社会的进步，这已成为世界各国的共识。现代钢铁企业是科学技术的聚集地，一个现代化钢铁生产制造系统只有不断地在设计、工艺、材料、管理、市场等方面进行创新，才能实现可持续发展。所以，一个现代钢铁企业的技术创新能力是钢铁企业能否实现可持续发展的决定性因素。

5. 环境与资源的经济化运作

环境与资源的经济化运作是指以经济的观点来研究和评价环境与资源的保护和开发，以适当的投入—产出体系来测算环境和资源的损耗并指导其保护和再生产，它要求把环境与资源纳入钢铁企业的经济核算体系，建立新型的经济核算指标。

从宏观角度看，近 10 多年来，国际组织和一些政府部门已组织科研力量进行了环境资源核算的研究，取得了一些阶段性成果，如联合国统计署（United Nations Statistics Office，UNSO）和联合国环境规划署（United Nations Environment Program，UNEP）在研究工作基础上于 1989 年提出了《环境卫星账户的 SNA 框架》和《环境经济综合核算的 SNA 框架》两份报告；国内也出版了《资源核算论》《资源价格研究》等专著。但从微观角度出发，如何把环境与资源纳入钢铁企业的经济核算体系，还没有有效的方法。这是由于不同的地域资源状况不同，并且不同发展阶段环境与资源的内涵和战略意义也有差异。所以，环境与资源的核算也是因地而异的，其核算也应是有差别的。

6. 政府行为的可持续性转变

在市场经济体制下，社会财富的公平分配和社会公益事业（如医疗、失业保险、环境保护等）都需要政府来承办，政府的一些政策和法规也会对生产者和消费者的可持续性转变产生有利或不利的影响。因此，为实现钢铁企业的可持续发展，政府在行使其职权时，必须以可持续发展为其最高原则，而不能盲目地追求短期经济效益。政府行为的可持续性转变是影响本地区钢铁企业可持续发展的重要因素。如 2005 年发布的《钢铁产业发展政策》，就有效引导中国钢铁企业按照可持续发展和循环经济理念，提高环境保护和资源综合利用水平，节能降耗，最大限度地提高废气、废水、废物的综合利用水平，力争实现"零排放"，建立循环型钢铁工厂。

（五）ISESDS 的持续性分析

像任何事物的发展一样，钢铁企业的发展也受到各种因素的影响，但可以分为两大类因子：一类是促进因子；另一类是限制因子。当促进因子起主导作用时，即未被利用的生产资源（人、财、物）、市场和环境的开拓较容易时，发展速度加快；随着促进因子的消耗和被利用，限制因子逐渐突出，系统发展的速度受到抑制，这时的发展过程表现为对限制因子的克服。因此，可以认为钢铁企业可持续发展的持续性，就是企业发展条件的不断改善或不断地克服限制因子的过程。发展条件的持续改善，才会使钢铁企业的可持续发展具有持续性。

1. 钢铁企业可持续发展过程的数学表达

人是钢铁企业发展的组织者和调控者，可持续发展的实践主体是人，对钢铁企业发展成果的评价取决于人的价值观，因而必然要与价值判断发生关系。在此引入两个基本概念。

（1）钢铁企业发展度。它反映了实践主体对钢铁企业发展状况的价值判断。由于各地区环境条件和经济发展水平的差异，人们对发展有不同的理解，导致其对发展目标认识的时空差异。因此，同样的发展成果，在发展水平不同的地区和行业，其对发展度的贡献是不同的。

（2）钢铁企业发展因子集合。它包括了影响钢铁企业生存与发展的一切内部因素和外部因素。影响钢铁企业生存与发展的因子是客观存在的，但由于受社会历史条件的限制，人们对钢铁企业发展因子的认识有其局限性，即特定发展阶段，对钢铁企业发展因子认识的不全面性。这种认识需要在钢铁生产实践的基础上不断地深化和认识，反过来再去指导钢铁生产实践[1][2]。

如前所述，钢铁企业的发展过程实质上是发展因子改善的过程，表现为钢铁企业发展度 X 的增大，即 $dX > 0$。钢铁企业发展条件改善定义为：发展条件量化指标 R 增大，即 $dR > 0$。这里人的价值判断已经包含于 X 和 R 的定义及计量方法之中，即 X 和 R 的定义必须与钢铁企业发展的定义和发展条件改善的定义在逻辑上相容。

① Gandhi V P. *Macroecnomics and the Environment* [M]. Washington, D. C. ： IMF, 1996.

② John A A, Pecchenino R A. *International and Intergenerational Environmental Externalities* [J]. *Scandinavian Journal of Economics*, 1997 (9)：371 – 387.

用 $X(t)$ 表示钢铁企业的发展过程，则发展速度为 $\mathrm{d}X/\mathrm{d}t$，相对发展速度为 $\mathrm{d}X/(\mathrm{d}t \cdot X)$。由于随着钢铁企业的发展，限制因子的作用将逐渐突出，系统发展的速度将放慢，令相对发展速度为钢铁企业发展度的线性递减函数，即有：

$$\frac{1}{X} \cdot \frac{\mathrm{d}X}{\mathrm{d}t} = r - \frac{r}{K} \cdot X \qquad (9-1)$$

式（9-1）中，r 表示某一阶段内发展因子所能推动的钢铁企业最大的相对发展速度；K 表示某一阶段内发展因子所能推动的钢铁企业最高的发展程度，$K = X_{\max}$。

方程（9-1）是变量可分离型一阶常微分方程，进行变量分离，得 logistic 曲线的微分方程：

$$\frac{\mathrm{d}X}{\mathrm{d}t} = r \cdot X\left(1 - \frac{X}{K}\right) \qquad (9-2)$$

为了考察钢铁企业发展过程和发展速度，图 9-4 和图 9-5 给出了 X 和 $\mathrm{d}X/\mathrm{d}t$ 的曲线。

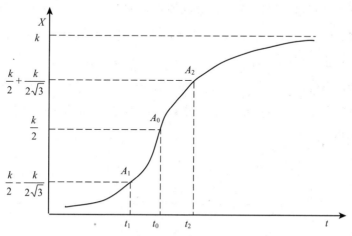

图 9-4　钢铁企业发展过程（X）曲线

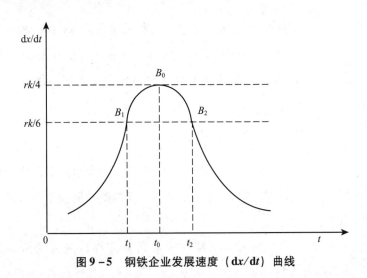

图 9-5 钢铁企业发展速度（dx/dt）曲线

利用 logistic 方程二阶导数和三阶导数可得到 X 的拐点 A_1、A_0、A_2 和 dx/dt 的拐点 B_1、B_0、B_2，从而可将 logistic 曲线划分为四个阶段，分别称为投入期、成长期、成熟期和衰退期。在投入期，系统发展速度较慢，逐渐上升到 $rk/6$；在成长期，系统处于迅速发展阶段，具有较高的发展速度，由 $rk/6$ 逐渐上升到最大值 $rk/4$；在成熟期，系统的发展速度虽然下降，但仍保持着较高的速度（大于 $rk/6$）；在衰退期，发展速度逐渐下降而趋于零，发展基本停止。在投入期和衰退期，系统发展度 X 的变化较小；在成长期和成熟期，系统发展度 X 的变化较大（见表 9-1），这两段时期可看作是可持续发展阶段区。在每一轮发展过程中，应使钢铁企业发展尽可能尽快地通过投入期和衰退期。

表 9-1   钢铁企业发展的阶段特性

t	$(0, t_1)$	t_1	(t_1, t_2)	t_0	(t_0, t_2)	t_2	$(t_2, +\infty)$
X	缓慢上升	$k/2 - k/2\sqrt{3}$	迅速上升	拐点	继续上升	$k/2 + k/2\sqrt{3}$	趋于平稳（渐进 k）
dX/dt	上升	$rk/6$（拐点）	上升	$rk/4$（max）	下降	$rk/6$（拐点）	下降

续表

t	$(0, t_1)$	t_1	(t_1, t_2)	t_0	(t_0, t_2)	t_2	$(t_2, +\infty)$
d^2X/dt^2	上升（>0）	$r^2k/6\sqrt{3}$	下降（>0）	0	下降（<0）	$-r^2k/6\sqrt{3}$	上升（<0）
发展阶段	投入期	成长期			成熟期		衰退期
		可持续发展阶段					

2. 钢铁企业可持续发展持续性的动力机制分析

由上述分析可知，当 $X \to K$ 时，$dX/dt/X \to 0$，即 $dX \to 0$。这时，钢铁企业就达到了某一发展阶段的顶峰期，要继续发展，就必须克服限制因子。由此可见，实现钢铁企业可持续发展的关键是发现和确认限制因子，并克服和转换之，这一过程称为创新。如果创新能够不间断地实现，企业发展度即可不断提高，可持续发展即可得以实现。

创新能否成功取决于钢铁企业当时的选择空间、创新过程的周期、创新的成本、创新的成本和收益在系统内、外部的分配，以及决策层的决策能力和决策水平。就钢铁企业的演化而言，本书将其分为宽泛化、差异化和依赖化。宽泛化是钢铁企业在演化过程中不断扩大自己的发展因子集合，增加各发展因子之间的相互可替代性，减少对某些发展因子的依赖性；差异化是钢铁企业不断发现和利用其他企业尚未利用的因子，尽量避免与其他企业争夺发展因子；依赖化是钢铁企业在演化过程中不断缩小自己的发展因子集合，增加对某些发展因子的依赖性，以致离开这些发展因子或这些发展因子的恶化会导致企业灭亡。

在演化过程中采取宽泛化策略的钢铁企业，其选择空间是扩张的；在演化过程中采取差异化策略的钢铁企业，其选择空间是独到的；在演化过程中采取依赖化策略的钢铁企业，其选择空间是收敛的，昔日的成功意味着今天的困境。

创新是一个过程，确认和克服限制因子是需要时间的，如果克服限制因子所需的时间大于钢铁企业所能够等待的最长时间，那么新一轮的发展就不会发生。

创新是要付出代价的。一方面，创新要占用钢铁企业可支配的有限的资源；另一方面，要付出机会成本。如果创新的代价是一个钢铁企业所无力支付的，那么创新就不会发生。

人是钢铁企业的组织者和调控者，因此，创新的成本和收益在钢铁企业内部群体中如何分配是至关重要的，它直接影响到钢铁企业创新能否继续。因此，钢铁企业的组织者和调控者必须非常关注创新的成本和收益在企业内部群体中如何分配，甚至包括在企业外部的分配，否则就意味着放弃创新。

钢铁企业的可持续发展还取决于决策层的决策水平和决策能力。主动的、择优的、具有远见的决策，不仅风险小，而且有足够的时间和广阔的选择空间来克服不同时间尺度的限制因子，有利于实现可持续发展。

3. 钢铁企业发展持续性的条件分析

钢铁企业的发展受到其内部和外部多种因素的影响，既包括促进因子，也包括限制因子，它们共同构成了钢铁企业发展条件集合。在钢铁企业发展过程中，希望不断扩大企业的发展条件集合，增加发展条件之间的可替代性，减少对某一发展条件的依赖性，以使企业在发展中有较大的时空选择范围。

德国物理学家哈肯在其创立的"协同学"中提出了支配原理，即长寿命系统役使短寿命系统，慢变量支配快变量。哈肯的支配原理说明，凡是以系统方式存在的事物都具有短时段因子适应长时段因子的特征。对于钢铁企业，支配原理同样是适用的。

对于某钢铁企业，在某一给定的时刻，必然存在某一发展条件成为企业发展的限制因子。由于发展条件的性质各异，因此，改变它们的手段性质也就不同。在此抛开改变发展条件手段的具体性质，可以认为"改变"本身是要花费时间的。于是，可以用某一发展条件对应的 logistic 增长过程的时间长度来度量改变其难易程度，称为单元周期，将发展条件按单元周期的长短划分为长、中、短三类，即长时段因子、中时段因子、短时段因子。由此也可以看出，企业可持续发展的过程曲线是一个组合 logistic 曲线，即长时段因子的一个 logistic 过程表现为短时段因子的多个 logistic 过程的组合（见图 9－6）。

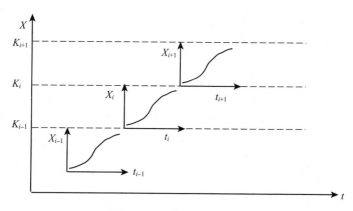

图 9－6　组合 logistic 曲线

依据"协同学"中的支配原理，长时段因子支配短时段因子，短时段因子只能适应长时段因子。就钢铁企业而言，其所处的地理环境、气候条件、水系结构、资源禀赋、社会、经济制度等是长时段因子；企业内的企业文化、价值观念、行为方式、人才结构等是中时段因子；企业的组织结构、技术结构、生产方式、管理方式、营销方式等是短时段因子。对于制约钢铁企业生产系统结构功能状态的长时段因子，较难改变，只能通过调整中时段因子和改变短时段因子来实现非持续发展模式向可持续发展模式的转变。

二、ISESDS 评价的内涵和性质

可持续发展评价是当前可持续发展领域研究的热点和难点。近年来，可持续发展评价研究非常活跃，并取得了众多的研究成果，但是对微观经济系统企业层面的可持续发展评价还没有成熟的理论和方法，因而有必要对有关的基本概念和原理加以探讨。

（一） ISESDS 评价的概念和内涵

评价就是评价者对评价对象的属性与评价者需要之间价值关系的反映活动。据此，钢铁企业可持续发展系统评价就是评价者对钢铁企业属性（系统结构、系统功能）与评价者可持续发展需要之间价值关系的反映活动，即明确价值的过程。

可持续发展评价的主体是人，因而在评价时，评价者必须树立可持续发展的价值观。在可持续发展中，衡量钢铁企业发展的成败不再仅仅是经济的增长，而是一个综合的评判，还包括企业周边的生态协调性、环境稳定性、资源利用永续性、人力资源发展的持续性、技术创新的持续性、上下游产业链相关产业发展的平衡性（公平性）和工资福利的提高。这样的衡量标准，要求钢铁企业的发展不仅要注重经济增长，更要注意培养钢铁企业发展的可持续性、稳定性、协调性和均衡性。钢铁企业可持续发展同样强调发展的时空公平原则，在时间上要求当代人在创造今世发展与消费的同时，应承认并努力做到使自己的机会和后代人的机会相等，不能允许当代人一味地、片面地和自私地为了追求今世的发展与消费，而剥夺后代人本应享有的同等发展和消费的机会。因此，钢铁企业在生产过程中要注意遵循减量化、再利用、再循环的原则，在空间上要求钢铁企业在有效利用资源和保护环境的同时，不危及其他产业系统或其他企业的发展。要求钢铁企业在利用资源和环境获利的同时，必须支付由此造成的环境成本和社会成本。

可持续发展的实施，最终必然要落实到具体的空间。因此，20 世纪90 年代以来，国内外众多学者对区域系统可持续发展的评价问题进行了研究。区域系统是由若干经济、社会、环境子系统构成的，只有区域系统内的若干经济、社会、环境子系统实现了可持续发展，区域系统才有可能实现可持续发展。钢铁企业是众多区域系统中普遍存在的、具有典型意义的微观经济系统，对其进行可持续发展评价将有利于促进区域系统的可持续发展。

钢铁企业微观经济系统属性包括结构和功能两个方面。根据系统论的观点，系统的结构决定功能，系统功能决定效益，效益可表征系统结构和功能的优劣，不可能存在结构不合理而功能、效益（长期）好的系统；也不可能存在效益低下而结构合理、功能完善的系统，二者紧密相关。当系统结构合理、子系统间协调一致时，系统总体功能效益大于各部分在孤立状态下功能效益的简单加和，并最终产生整体协同放大效应；当系统结构组合不好、子系统间不协调时，系统总体功能效益只是各部分单一功能效益的简单加和而没有整体效应；当系统结构混乱、系统产生内耗时，系统的总体效益将小于各部分效益的总和，如果任其发展，则最终导致系统总体功能效益的丧失，系统崩溃。有鉴于此，要使系统长期、稳定、协调地发展，并充分发挥其功能，取得最大的效益，第一，系统要有良好的结构性能；第二，系统要具有动态调节性及其与环境的适应性；第三，系统要高效率，即有较高的输入/输出转换功能。对于钢铁企业的可持续发展而言，则意味着：组织结构和机制趋向合理；工作、生活质量和工资福利不断提高；人力资源观念的可持续性转变；技术创新的可持续性；资源与环境的经济化运作；周边政府行为的可持续性转变。

总之，对于处于一定发展阶段、一定地域的钢铁企业来说，其可持续发展状态既是系统过去运行的一个结果，也是其未来发展的起点和基础。钢铁企业可持续发展评价就是要通过对系统的结构功能分析、反馈功能分析，环境适应性分析、经济效果分析和生产效率分析，找出系统发展过程中出现的问题，或面临的危机，或遇到的机遇，从而帮助决策者采取措施，以保证系统长期、和谐地发展，并产生尽可能大的效益。这就是钢铁业可持续发展评价的内涵。

（二）ISESDS 评价的性质

1. 评价目标的多元性

钢铁企业可持续发展的目标是多元的，既有经济目标，又有非经济目标；既有增长目标，又有结构优化目标；既有效率目标，又有公平目标。各种目标在发展过程中应该也可以相互兼顾，但不一定在任何时候都能兼得。为了使某一方面的目标处于最佳状态，可能会在一定程度上牺牲别的目标。为了最终实现可持续发展的各项目标，可以采取适当地将各个目标分先后阶段实施的动态策略，每一阶段的目标在于使某些发展目标处于最佳状态。

2. 评价标准的相对性

进行钢铁企业可持续发展评价，关键问题是确定评价标准，即用什么基准值作为标准来衡量一个钢铁企业的可持续发展水平及其变化。由于我国幅员辽阔、自然条件差异大、经济发展不平衡，因此很难用统一的标准去评价地域差异性较大的中国钢铁企业。可以说，可持续发展没有绝对的评价标准。任何标准都是相对的，都是以现实为基础提出来的。换言之，任何评价标准都具有社会性、历史性，具有一定的局限性。不可能存在不带有这种社会历史局限性的评价标准。这就从根本上规定了以这种标准所作出的评价必然带有社会历史局限性。从这一点上说，人们不可能找到一个永恒的、无论什么历史条件下都适用的评价标准。像任何评价都带有社会历史局限性一样，任何评价标准也都带有社会历史的局限性。本书认为，钢铁企业可持续发展评价的目的是了解钢铁企业可持续发展水平的变化状况，找出制约其发展的因素，以便通过可持续发展规划、有关管理和技术对策去改善钢铁企业可持续发展的条件，从而实现钢铁企业的可持续发展。因此，对某一个确定的钢铁企业来说，时间序列的纵向比较比空间地域的横向比较更为重要，因为它表明被评价的钢铁企业的可持续发展水平是逐步改善还是逐步下降。

当然，评价标准的选择取决于评价目的。如果评价的目的是建立不同钢铁企业可持续发展的序列谱（评比），那么可选择不同钢铁企业相同指标在同一时间断面上的平均值作为评价标准；如果评价的目的是了解某一钢铁企业可持续发展水平的变化状况，以发现问题，从而为可持续发展的规划、管理服务，则可选择某一时间断面的指标数据作为评价标准，进行纵向比较。

3. 评价指标的相对性

钢铁企业是一类具有时空变化的复杂系统，而系统总是处于不断的发展变化之中。某一时刻反映系统发展变化的主要矛盾或矛盾的主要方面，在另一时刻可能会降为次要矛盾或矛盾的次要方面。由于人们对钢铁企业发展变化的特征与规律的认识具有相对性，因而这种基于对系统发展变化的认识而建立起来的评价指标体系也具有相对性，所以必须随着钢铁企业的发展变化，不断地修改、补充评价指标体系。例如，可以五年修改一次，以期与国民经济和社会发展计划同步，以利于中、宏观可持续发展规划的制定；同时，钢铁企业又存在空间差异性，我国各地区经济发展不平衡、自然条件差异大，因而在建立可持续发展评价指标体系时，必须在对钢铁企业共性认识的基础上，考虑具体地域的特殊性。

因此，钢铁企业可持续发展评价指标体系可分为一般指标体系和具体指标体系。一般指标体系是根据钢铁企业可持续发展的共同特征而建立的，带有普遍性，可用来指导某个具体地区的钢铁企业评价指标体系的建立；其本质上是一个指标库，可供建立具体评价指标体系时选择。具体指标体系是在一般指标体系的基础上，根据具体地区的社会经济发展水平和资源环境状况，考虑到数据的可得性等因素，建立的用于评价某个具体地区的钢铁企业可持续发展水平的指标体系。

4. 指标权重的相对性

评价指标的权重也有时空变化。在钢铁企业发展的不同阶段，各个指标对于系统可持续发展的重要性不一样，因而其权重会有变化。不同地区、不同行业，由于其自然条件、社会经济发展水平及其对环境污染程度的不同，指标的权重也在发生变化。例如，在贫困地区，社会发展的主要目标是脱贫，因而经济指标的权重要高一些；而在发达地区，人们强烈追求的是清洁、优美的生活环境，因而环境的绝对指标的权重要高一些。在钢铁行业，对人的身体健康、对环境的污染程度影响相对较大，环境的相对指标的权重要高一些。因此，在确定指标权重时，要充分考虑地区和钢铁行业自身的特点。

5. 评价的合理性

评价的合理性是指评价者在一定的约束条件限度内所作出的适合实现指定目标的对客体意义的衡量。所谓"约束条件"，就广义而言是指一定的历史阶段的实践，狭义则指这种实践在评价者意识中的内化、凝结。所谓"指定目标"，是指决定这一评价和这一评价将引导的实践的目标。在现实中，任何评价都是相对一定的实践目标而进行的，人们为了实践而进行评价，通过评价而采取行动。作为评价的目标，可以理解为评价的目的、意图，即为什么要作这一评价。在衡量一个评价是否合理时，该评价的目标与该评价过程的自洽性是一个重要方面，一个合理的评价必须满足三个层次的条件。

最低层次上，对评价客体和评价所包括事实的把握必须是准确的，即评价所包含的关于评价客体的信息必须符合实际。

在第二个层次上，必须具有自洽性、和谐性。整个评价必须以评价目标为支点，来选择评价的视角、评价的标准，即评价的视角、评价的标准必须与评价的目标具有逻辑自洽性、和谐性。

在第三个层次上，该评价所引导的行为必须符合人类发展性和社会进步性。任何评价都为一定的行为提供依据，都将引导一定的行为，因此，对评价合理性的最高尺度检验就是以其所引导的行为结果（或者说实践结果）为标准。当一种评价所引导的行为符合人类追求进步的目标、对人类发展起着积极作用时，它就是合理的；否则，它就是不合理的。

因此，ISESDS评价的合理性就是在一定的自然环境和社会历史条件下，能够引导钢铁企业努力实现经济、环境和社会效益的协同发展。起到了这种效果，其评价就是合理的；否则，就是不合理的。

（三）可持续发展评价理论与方法

为了给钢铁企业可持续发展决策提供坚实的理论基础，对钢铁企业给环境带来的影响必须清楚地加以认识并予以定量表示，这样才能保证企业不因眼前利益而牺牲长远利益。可持续发展的价值观、世界观与行为准则的转变与建立也迫切需要类似于表征经济活动那样的能够表征环境与社会发展状态的可靠手段。但是，由于可持续发展问题本身的复杂性，可持续发展评价还处于研究阶段，关于如何度量和评价可持续发展，尤其是如何度量和评价微观经济系统（钢铁企业）的可持续发展，国际上还未达成共识。但是已有的研究成果对本书的研究具有重要的指导和借鉴作用。

纵观现有的各种可持续发展评价指标（体系），不外乎有两种模式：货币评价模式和非货币评价模式。货币评价模式是通过模仿市场，把市场价值延伸到非市场范围，促使人们以"支付意愿"的方式来显示其对非市场产品的偏爱，将可比产品和劳务的市场价值赋予诸如安逸、环境和安全这些非市场成果，从而对不同领域里的发展活动加以比较，即用共同的货币单位对其加以衡量，并将这些成果聚集为一个全面的发展指标；与货币评价模式相反，非货币评价模式不是通过价值聚集发展的成果，而是认为可持续发展是满足人们多方面需要的多维发展，试图建立一套多维、多层次的指标体系，对发展的多个截面进行评价。

货币评价模式比较客观且通用性好，但也有其局限性。因为许多环境的和其他非经济的因素是难以定价的，不易完全纳入货币体系，这其中包括诸如人类健康、安全感、收入和财产分配中的公平程度，以及其他文化或精神方面的目标等社会价值。此外，可持续发展是人类活动间的相互作用，以及人类与环境间相互作用的结果，这种相互作用也很难用单一的货币体系加以描述。与货币评价模式相比，非货币评价模式的优越之处在于针对性强，处于不同空间位置、不同发展阶段的地区，可以有不同的评价指标体系。更重要的是，它把难以用货币术语描述的现象引入了环境和社会的总体结构中，在评价过程中即可标识制约系统发展的限制因子，因而更有利于可持续发展战略的制定。其缺点是易出现指标信息覆盖不全或指标间信息的重叠。但这两点都是能够克服的，前者可通过对可持续发展内涵的深刻理解和对可持续发展要素的透彻分析来避免，后者则可通过对指标的主成分性分析和独立性分析来克服。

（四）构建 ISESDS 评价指标体系的原理与方法

1. 指标和指标体系

进行钢铁企业可持续发展评价时，要根据钢铁企业发展特征确立评价指标。指标是反映钢铁企业生产要素或现象的数量概念和具体数值，包括指标的名称和指标的数值两部分。

钢铁企业可持续发展评价指标体系本质上是钢铁企业发展条件的集合，是由若干相互联系、相互补充、具有层次性和结构性的指标组成的有机系列。构成评价指标体系的指标既有直接从原始数据而来的基本指标，用以反映子系统的特征；又有对基本指标的抽象和总结，用以说明钢铁企业各子系统之间的联系及作为一个整体所具有性质的综合指标，如各种"比""率""度""指数"等。在选择评价指标时，要特别注意选择那些具有重要控制论意义且可受到管理措施直接或间接影响的指标、那些具有时间和空间动态特征的指标、那些显示变量间相互关系的指标和那些显示与外部环境有交换关系的开放系统特征的指标。

2. 指标体系层次结构分析

钢铁企业作为微观经济系统的一个重要特征是具有层次性。钢铁企业是一类复杂系统，由许多同一层次、不同作用和特点的功能集，以及不同层次的复杂程度、作用程度不一的功能集组成。根据可持续发展评价的目标，设置的是描述钢铁企业不同发展特征、具有层次结构的功能集指标。在此，本书选择的是发展度、持续度、公平度。根据系统的层次性特点，功能集结构也具有层次性，即高一层的功能集可以包含低层次的描述不同方面的功能集，如功能集"持续度"是由低一层次的人力、资源、经济、技术、管理、环境六个功能子集组成的。功能子集可以认为是某一个层次的子系统。

指标体系是由一组相互关联、具有层次结构的功能集组成的，某一功能集指标又由一组基本指标或综合指标组成。因此，功能集指标的选择，决定了可持续发展评价指标体系的结构框架，是指标体系成功与否的关键。要选择出评价可持续发展的全面又简练的功能集指标，不仅要对钢铁企业本身的结构、功能、特点有透彻的了解，而且要对钢铁企业发展的目标有清晰的理解。前者是确定评价指标的基础，后者是选择评价功能集的基础。

3. 评价截面的选择

功能集选定以后，需要选择一组基本指标来描述功能集。为了能够全面、合理地选出这些指标，可根据可持续发展评价的目的，选择人力、资源、经济、技术、管理、环境，作为描述钢铁企业可持续发展的 6 个分析截面，来确定描述各个截面及截面间关系的基本指标和综合指标，然后用这些指标去描述各个功能集，描述功能集的指标要少而精，所以要对指标进行筛选。

4. 指标设计的原则

对于钢铁企业这样的复杂系统而言，不可能用少数几个指标来描述系统的状态和变化，因而需要用多个指标组成一个有机的整体，通过建立指标体系来描述系统的发展状况。在设置钢铁企业可持续发展评价指标体系时，除了要符合统计学的基本规范外，必须遵循以下原则。

（1）科学性原则。指标体系一定要建立在科学基础上，指标概念必须明确，并且要有一定的科学内涵，能够度量和反映钢铁企业结构和功能的现状以及发展的趋势。

（2）可操作性原则。指标的设置要尽可能利用现有统计资料。指标要具有可测性和可比性，易于量化。在实际调查评价中，指标数据易于通过统计资料整理、抽样调查，或典型调查，或直接从有关部门（生产部门、销售部门、技术部门）处获得。

（3）相对完备性原则。指标体系作为一个有机整体，应该能比较全面地反映和测度被评价系统的生要发展特征和发展状况。

（4）相对独立性原则。描述钢铁企业发展状况的指标往往存在指标间信息的重叠，因此，在选择指标时，应尽可能选择具有相对独立性的指标，从而增加评价的准确性和科学性。

（5）主成分性原则。在完备性的基础上，指标体系力求简洁，尽量选择那些有代表性的综合指标和主要指标。

（6）针对性原则。指标体系的建立应该针对钢铁企业可持续发展面临的主要共性问题。

总之，在设置和筛选指标时，必须坚持科学性、完备性、主成分性、独立性、可操作性和针对性的统一。其中，科学性和完备性对于钢铁企业可持续发展评价指标体系的理论探讨具有深远的意义；而主成分性、独立性、可操作性和针对性有利于指标体系在实际评价中的推广应用，评价结果也可为钢铁企业所在区域可持续发展战略的制定提供参考。

5. 指标筛选的思路和方法

在进行钢铁企业可持续发展评价时，建立科学合理的评价指标体系关系到评价结果的正确性。目前，国内虽然提出了一些企业可持续发展能力评价的指标体系，但是在评价指标的选择方面仍存在一些问题：一方面，人们为追求指标体系的完备性，不断提出新指标，从而使指标种类增多、数目增大；另一方面，由于缺乏科学有效的指标筛选方法，大多靠评价者的经验选择指标，故存在很大的主观性。因此，评价指标体系中普遍存在指标间的重叠，影响了评价的准确性和科学性。

选择评价指标需遵守一定的原则，从技术角度看，可归纳为完备性、针对性、主成分性、独立性。筛选指标时，对于上述四原则既要综合考虑，又要区别对待。一方面，要综合考虑评价指标的完备性、针对性、主成分性和独立性，不能仅由某一原则决定指标的取舍；另一方面，由于这四项原则各具特殊性及目前研究认识的差异，对各项原则的衡量精度、研究方法不可强求一致。例如，评价指标的针对性和评价指标的主成分性，前者由于受认识水平限制，目前还难以定量衡量，只能依赖于评价者对可持续发展内涵的理解程度及其对所评价区域的了解程度；而后者则可采取一定的数学方法定量研究，因此，二者不必要也不可能采用同样的方法和同样的精度。再如，评价指标的完备性包含两层含义：一是指所选择的指标应尽量全面反映钢铁企业发展的各个方面及其变化；二是根据评价目的、评价精度来决定评价指标体系的完备性。

本书采用频度统计法、理论分析法和专家咨询法以满足指标选择的完备性和针对性原则。频度统计法主要是对目前有关可持续发展评价研究的报告、论文进行频度统计，选择那些使用频度较高的指标；理论分析法主要是对钢铁企业可持续发展的内涵、特征、基本要素、主要问题进行分析、比较、综合，选择那些重要的发展条件和针对性强的指标；专家咨询法是在初步提出评价指标的基础上，进一步征询有关专家意见，对指标进行调整。

运用这三种方法，结合钢铁企业自身的特点最终得到钢铁企业可持续发展评价的一般指标体系。在建立一般指标体系之后，考虑被评价样本的选择状况，以及指标数据的可得性，确定具体的钢铁企业可持续发展能力评价指标体系。

三、ISESDS 一般指标体系的层次结构

（一）层次结构模型

一般指标体系是根据钢铁企业可持续发展的内涵，在钢铁企业发展特征、结构、功能和基本要素分析的基础上，遵循指标选择的完备性和针对性原则，采用频度统计法、理论分析法和专家咨询法确定的。该指标体系分为目标层、功能层、截面层和指标层四个层次，详见图 9 - 7。

（1）目标层：综合表达钢铁企业可持续发展的总体能力，反映 ISESDS 的总体状况和发展趋势。

（2）功能层：将钢铁企业可持续发展的总体能力分解为发展度集合、持续度集合、公平度集合 3 个功能集。

（3）截面层：选择钢铁企业的人力系统、资源系统、经济系统、技术系统、管理系统和环境系统，作为描述钢铁企业可持续发展的 6 个分析截面。

（4）指标层：采用可测的、可比的、可以获得的指标及指标群，度量截面层的数量表现、强度表现和速率表现，它们是指标体系的最基层要素。

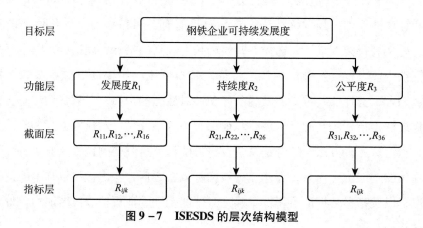

图 9 - 7 ISESDS 的层次结构模型

（二）ISESDS 功能集的含义

要保持一个钢铁企业的可持续发展，该系统必须实现结构的优化、动态调节性和环境适应性的增强、输入输出转化能力的提高，即通过描述系统的发展能力、持续能力、环境适应能力、输入输出转化能力等的变化，就可以评价出系统的可持续发展状况。因此，可以从发展度、持续度、公平度三个角度较全面地描述钢铁企业的可持续发展状况。本书称其为 ISESDS 的 3 个功能集。

（1）发展度：反映系统的人力、资源、经济、技术、管理和环境等方面的发展水平。

（2）持续度：反映系统未来发展的潜力。

（3）公平度：反映系统内部及其与外部系统之间发展的公平状况。

上述 3 个发展面的确立，为钢铁企业可持续发展评价指标体系的设置奠定了理论基础，其中各功能集指标的设立可以直接从人力系统、资源系统、经济系统、技术系统、管理系统和环境系统 6 个子系统的角度设立。

（三）功能集的概念模型

钢铁企业可持续发展是指企业全方位地趋向于组织优化、结构合理、运行顺畅的全面、均衡、协调的演化过程。本书选择钢铁企业的 3 个功能集及 6 个截面来构造其可持续发展概念模型：

$$SD = f(R_1, R_2, R_3, S, T)$$

约束条件：$R_1^2 + R_2^2 + R_3^2 \leqslant C^2$；

$R_i > N_i (i = 1, 2, 3)$；$R_{ij} > N_{ij} (j = 1, 2, \cdots, k)$。

其中，SD：钢铁企业可持续发展能力；

R_1：发展度，$R_1 = f(R_{11}, R_{12}, \cdots, R_{1k})$；

R_2：持续度，$R_2 = f(R_{21}, R_{22}, \cdots, R_{2k})$；

R_3：公平度，$R_3 = f(R_{31}, R_{32}, \cdots, R_{3k})$；

S：空间变量，即钢铁企业所处的不同地域；

T：时间变量，即钢铁企业发展的不同阶段；

C：所能承受人类活动的环境承载力；

N_i：功能集的极限值，低于此值该功能集将丧失其功能，钢铁企业的发展将是不可持续的；

N_{ij}：具体量化指标的极限值，低于此值该指标的恶化将不能被其他指标的改善替代，钢铁企业的发展将是不可持续的。

该模型表明，钢铁企业可持续发展是一种多维（元）且具有阶段性特征和地域分异性的发展，要求系统发展的各个功能集的全面改善；同时，它承认发展的波动性，认为在不超过其极限的情况下，各项发展指标之间具有可替代性；另外，还强调钢铁企业发展的整体性，认为企业大系统的优化是以各个子系统的优化为基础的，要求重视各个子系统之间及各子系统内部的组成、结构的协调和均衡。

四、ISESDS 功能集指标体系的构建

为了能全面且准确地描述和刻画钢铁企业的可持续发展状况，功能集选定后，即可用基本指标或综合指标来描述功能集，从而建立起可持续发展评价的指标体系。本书参考中国科学院可持续发展研究组建立的可持续指标体系，以及笔者在钢铁行业的实践经验，对该指标体系作出如下表述：

钢铁企业可持续发展度 (X)：(S_1, S_2, S_3)。

S_1：发展度（水平），反映系统的人力、资源、经济、技术、管理和环境等方面的发展水平的指标。包括以下指标：

S_{11}——人力资源系统发展度（水平）

S_{111}：工伤（亡）率；

S_{112}：职业病发病率；

S_{113}：人均工资；

S_{114}：学历水平；

S_{115}：人均培训费用；

S_{116}：员工满意度。

S_{12}——资源系统发展度（水平）

S_{121}：铁矿对外依存度（表示资源获得能力）；

S_{122}：铁矿入炉品位（表示资源获得质量，吨钢所要消耗的矿石量）；

S_{123}：吨钢综合能耗；

S_{124}：吨钢耗新水；

S_{125}：吨钢耗电；

S_{126}：全员劳动生产率 = 产量÷职工人数，反映人力的投入及效率。

S_{13}——经济系统发展度（水平）

S_{131}：钢铁产量，对于有规模效应的钢铁企业产量是一个重要的指标；

S_{132}：工业总产值，与钢铁产量指标一起反映企业高附加值产品比率；

S_{133}：成本费用利润率＝利润总额÷成本费用总额×100%；

S_{134}：销售收入利润率，表示每百元销售收入获取利润的能力；

S_{135}：总资产利润率＝（实现利润＋利息支出）÷资产总额×100%，反映了企业利用全部经济资源获利能力的状况，比率高，表明企业全部资产的管理质量和利用效率高；

S_{136}：主营业务利润率，该指标反映企业的主营业务获利水平，只有当公司主营业务突出，即主营业务利润率较高的情况下，才能在竞争中占据优势地位；

S_{137}：市场占有率＝企业销售收入÷钢铁生产企业合计销售收入；

S_{138}：产值销售率＝钢材销售收入÷钢材总产值，反映钢铁产品已实现销售的程度；

S_{139}：存货周转率＝销售成本÷平均存货，反映企业资产管理的效果；

S_{13A}：流动比率＝流动资产÷流动负债，衡量企业短期偿债能力的一个重要指标；

S_{13B}：速动比率＝速动资产÷流动负债，直接反映企业的短期偿债能力强弱，是对流动比率的补充，并且比流动比率反映得更加直观可信。

S_{14}——技术系统发展度（水平）

S_{141}：高工、工程师占技术人员比例；

S_{142}：高级技术人员人均收入；

S_{143}：研发经费占销售收入比例；

S_{144}：新产品产量率；

S_{145}：专利获得数；

S_{146}：新产品产值率；

S_{147}：年均技术装备更新、改造投资额；

S_{148}：产品质量合格率。

S_{15}——管理系统发展度（水平）

S_{151}：管理人员学历结构；

S_{152}：高级经济师、高级会计师占管理人员比例；

S_{153}：高级管理人员人均收入；

S_{154}：是否通过 ISO 9000 认证；

S_{155}：是否通过 ISO 140000 认证；

S_{156}：顾客满意度；

S_{157}：现代企业制度的完善程度。

S_{16}——环境系统发展度（水平）

S_{161}：吨钢固体废弃物排放量；

S_{162}：吨钢废水排放量；

S_{163}：吨钢 COD 排放量；

S_{164}：吨钢废气排放量；

S_{165}：吨钢烟尘排放量；

S_{166}：吨钢 SO_2 排放量；

S_{167}：厂区大气环境质量；

S_{168}：厂区绿化覆盖率。

S_2：持续度，反映系统人力、资源、经济、技术、管理和环境等方面的发展潜力的指标。包括以下指标：

S_{21}——人力资源系统持续度

S_{211}：工伤（亡）降低率；

S_{212}：职业病发病降低率；

S_{213}：人均工资增长率；

S_{214}：学历水平提高幅度；

S_{215}：人均培训费用增长率；

S_{216}：员工满意度提高幅度。

S_{22}——资源系统持续度

S_{221}：铁矿对外依存度降低率；

S_{222}：铁矿入炉品位提高率；

S_{223}：吨钢可比能耗降低率；

S_{224}：吨钢耗新水降低率；

S_{225}：吨钢耗电降低率；

S_{226}：全员劳动生产率增长水平。

S_{23}——经济系统持续度

S_{231}：钢铁产量增长率；

S_{232}：工业总产值增长率；

S_{233}：成本费用利润率增长率；

S_{234}：销售收入利润率增长率；

S_{235}：总资产利润率增长率；

S_{236}：主营业务利润率增长率；

S_{237}：市场占有率增长率；

S_{238}：产值销售率增长率；

S_{239}：存货周转率增长率；

S_{23A}：流动比率增长率；

S_{23B}：速动比率增长率。

S_{24}——技术系统持续度

S_{241}：高工、工程师占技术人员比例增长率；

S_{242}：高级技术人员人均收入增长率；

S_{243}：研发经费占销售收入比例增长率；

S_{244}：新产品产量率增长率；

S_{245}：专利获得数增长率；

S_{246}：新产品产值率增长率；

S_{247}：设备完好率；

S_{248}：技术装备更新率。

S_{25}——管理系统持续度

S_{251}：管理人员学历结构改善情况；

S_{252}：高级管理人员人均收入增长率；

S_{253}：顾客满意度的提高率；

S_{254}：先进管理模式及手段（含信息化技术）的创新能力；

S_{255}：办公自动化程度。

S_{26}——环境系统持续度

S_{261}：吨钢固体废弃物排放量降低率；

S_{262}：吨钢废水排放量降低率；

S_{263}：吨钢 COD 排放量降低率；

S_{264}：吨钢废气排放量降低率；

S_{265}：吨钢烟尘排放量降低率；

S_{266}：吨钢 SO_2 排放量降低率；

S_{267}：厂区大气环境改善程度。

S_3：公平度，反映钢铁企业内部及其与外部系统之间发展的公平性的指标。包括以下指标：

S_{31}——人力资源系统公平度

S_{311}：职工（生产一线工人）下岗（失业）率；

S_{312}：高级技术人员流失率；

S_{313}：高级管理人员流失率；

S_{314}：人均收入增长率÷企业利润平均增长率；

S_{315}：职工（生产一线工人）工作环境满意度；

S_{316}：企业计划生育率。

S_{32}——资源系统公平度

S_{321}：原料中废钢（再生资源）的比例；

S_{322}：企业人均占用耕地面积；

S_{323}：煤气利用率（焦炉、高炉、转炉煤气）；

S_{324}：尘泥回收利用率；

S_{325}：废渣利用率；

S_{326}："三废"综合利用产品产值；

S_{327}："三废"综合利用产品利润。

S_{33}——经济系统公平度

S_{331}：销售成本（包括设计、开发、制造、物流、服务等方面的成本）；

S_{332}：管理费用；

S_{333}：销售费用；

S_{334}：财务费用；

S_{335}：实现利税；

S_{336}：回收和处置费用。

S_{34}——技术系统公平度

S_{341}：钢铁产品质量设计技术标准；

S_{342}：生产工艺规划技术标准；

S_{343}：包装技术标准；

S_{344}：废弃物处置技术标准。

S_{35}——管理系统公平度

S_{351}：组织健全程度（法人治理结构等）；

S_{352}：刑事案件发案率；

S_{353}：法律、法规贯彻执行水平。

S_{36}——环境系统公平度

S_{361}：环保工作人员占职工的比例；

S_{362}：企业环境质量综合指数；

S_{363}："三同时"环保投资完成情况（环境与生产系统同时设计、施工、投产）；

S_{364}：污染治理资金使用情况；

S_{365}：厂区环境安全性的保障措施。

成本和费用本质上是一种价值牺牲。它们作为实现一定的目的而付出资源的价值牺牲，可以是多种资源的价值牺牲，也可以是某些方面的资源价值牺牲；甚至从更广的含义看，成本是为达到一种目的而放弃另一种目的所牺牲的经济价值，在经营决策中所用的机会成本就有这种含义，这也是将其选为钢铁企业经济系统公平度的原因。

五、建立 ISESDS 综合评价模型

可持续发展的评价是可持续发展从概念、理论进入实践层次的重要环节，如果没有具有可操作性的可持续发展的评价体系、评价方法和模型，可持续发展的理念就只能停留在理论上，无法指导人们的实践。对一个钢铁企业而言，判断其当前状态是否满足可持续发展的要求，必须有一套合理的、便于操作的评价方法，才能促进钢铁企业的可持续发展。因此，作为指导钢铁企业实践的 ISESDS 评价模型，除了具有科学性以外，还应突出体现可操作性。

（一）ISESDS 综合评价过程分析

1. 综合评价的基本步骤

所谓综合评价即对评价对象的全体，根据所给的条件，采用一定的方法，给每个评价对象赋予一个评价值，再根据此择优或排序。综合评价的目的，通常是希望能对若干对象，按一定意义进行排序，从中挑出最优或最劣对象。对于每一个评价对象，通过综合评价和比较可以找出自身的差距，也便于及时采取措施进行改造。具体流程如图 9 - 8 所示。

（1）确定评价目的和对象。必须首先明确评价的目的，这是评价工作的根本性指导方针；而评价对象通常是同类事物（横向）或同一事物在不同时期的表现（纵向），评价对象系统的特点直接决定评价的内容、方式及方法。本书选择带有典型意义的、能够作为参照或标杆加以推广的钢铁企业作为评价对象，以研究钢铁企业的可持续发展能力。

（2）评价系统功能分析。评价系统功能分析就是根据钢铁行业特点对评价系统的功能特性进行系统分析。例如，有些钢铁企业的重点功能在于资源的合理利用，而有些钢铁企业的重点却在于污染的控制。通过系统功能分析，以便于合理地确定指标权重。

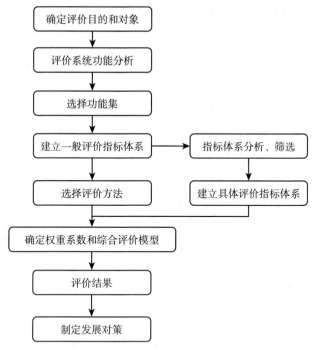

图 9 – 8 ISESDS 评价的基本步骤

（3）选择功能集和建立指标体系。ISESDS 的功能集一般可包括发展度（水平）、持续度、公平度、协调度和均衡度等，但可适当归纳、合并，以便于评价，本书将其归纳为三大功能，即发展度、持续度和公平度。建立指标体系是 ISESDS 评价的一项关键工作，本书提出了一套适用于 ISESDS 的一般指标体系，但在实施评价时必须针对钢铁企业样本的选择和数据的可获得性进行指标体系的筛选，确定具体的评价指标体系。

（4）评价方法的选择。ISESDS 的评价是面向企业的，评价方法本身必须具有可操作，并且正确、简便。目前用于进行各类评价的方法有很多，有技术经济分析法、专家咨询法、DEA 法、层次分析法、投入产出法、模糊评价法等。由于 ISESDS 的评价既是一个发展状态的评价，又是一个发展趋势的评价，单独某一种方法很难适用于 ISESDS 的评价。为此本书提出了采用层次分析法、模糊层次评价和 DEA 方法的有机结合，进行评价。

（5）权重系数和综合评价模型。权重系数是指标对总目标的贡献程度，当被评价对象及评价指标都确定时，综合评价的结果就依赖于权重系数。即权重系数确定的合理与否，关系到综合评价结果的可信程度。因此，选择合适的评价方法对权重系数进行确定应特别谨慎。

综合模型的建立就是要将多个评价指标值"合成"为一个整体性的综合评价值。可用于"合成"的数学方法较多，关键在于如何根据评价目的及被评价对象的特点选择较为合适的合成方法。

（6）输出评价结果。输出评价结果并解释其含义，依据评价结果进行分析。应该注意的是，应正确认识综合评价方法，公正看待评价结果。评价结果只具有相对意义，即只能用于性质相同的对象之间的比较和排序。最后根据评价结果提出发展对策。

2. 指标体系的筛选方法

指标体系构建之后，应进行主成分性和独立性分析，钢铁企业的很多统计数据一般没有固定的分布形态，数据误差较大，数据的变化受外界（政府行为、法律、法规）的影响较大。因而对钢铁企业统计数据的主成分性和独立性分析，不能完全照搬数理统计的方法，而应融入人的主观判断，采用主客观相结合的方法。

（1）指标的主成分性分析。为了满足指标体系的完备性和针对性原则，往往要选取很多的指标，但在进行评价时，又希望以较少的指标来较全面地反映系统发展的状况。为此，需选择那些和较多指标有相关关系的指标作为评价指标，即主成分指标。

在数理统计分析中，通常用主成分分析来选择主要指标，考虑到描述钢铁企业发展状况的统计数据并不呈现正态分布，因而用这种为正态分布数据而设计的分析方法来筛选主成分指标不太合适。另外，主成分分析的结果过分依赖于原始指标集，而钢铁企业的统计数据有时误差较大，更多地受到企业领导行为甚至政府行为的影响，这也是不用传统主成分分析的一个原因。

本书认为可用以下方法筛选主成分指标。在得到具体指标体系的数据后，首先，计算各功能集内部各指标间的相关系数，得相关系数矩阵；其次，选出相关置信度有一半以上大于 0.95 的指标，筛选掉的是独立指标，它们将与独立性分析得到的指标共同构成描述功能集的评价指标；再次，分别计算这些指标的平均相关系数并求出平均相关系数的平均值（即总体平均相关系数）；最后，选出相关系数有一半以上大于该值的指标，即为主成分指标。

（2）指标独立性分析。指标的独立性是指指标间自由变动而彼此不受牵制的性质，是一个与指标重叠性相对应的概念。指标独立性的高低取决于指标间重叠程度的大小。所谓指标间重叠是指指标间存在确定的关系，致使它们之间不能独立自由变动，表现为：①内涵式重叠。当两个或两个以上指标对系统同一性质进行不同表述时，且其间存在着恒定的常数关系，则指标的实质内涵是相同的，这种形式的重叠可称为指标间的内涵式重叠，也称指标间完全重叠，这是指标重叠的最高极限。②信息。指标间存在确定的关系，这种关系或是表现为数量的关系，或是表现为类似于物理学领域的相变关系，即运动的同向对应关系，它是指标重叠的低层次表现，是通过指标数据信息表现出来的。指标重叠的共同性是：重叠的指标必相关，重叠程度越大，相关程度越高。因此，指标间的高相关性是判别指标重叠的必要条件，也是筛选重叠指标的理论基础。

如前所述，评价指标间的高相关性是指标重叠的前提条件。基于这一认识，可用下式来计算指标间的独立程度：

$$\alpha_{ij} = 1 - \beta_{ij} \qquad\qquad (9-3)$$

其中，α_{ij} 为指标 i 与指标 j 之间的独立度，即表示指标 i 与 j 间的独立程度，$\alpha_{ij} \in [0, 1]$；β_{ij} 为指标 i 与指标 j 之间的相关系数，$\beta_{ij} \in [0, 1]$。

由式（9-3）可知，指标间存在以下几种关系：①$\beta_{ij} = 1$，则 $\alpha_{ij} = 0$，说明指标 i 与指标 j 呈现出完全重叠，其间独立性最低；②$\beta_{ij} = 0$，则 $\alpha_{ij} = 1$，说明指标 i 与指标 j 间不存在重叠，独立性最高；③$\beta_{ij} \uparrow$，则 $\alpha_{ij} \downarrow$，说明指标间重叠程度越大，其间独立性越小。

在建立评价指标体系时，指标间的独立性越大越好。在此，定义相关系数在 0.9 以上的指标为重复指标并加以合并，合并的方法如下：①辨识真假相关。对于同类型指标（指同为效益型或同为成本型），相关系数为正，是真相关，相关系数为负，是假相关；对于不同类型指标，相关系数为正，是假相关，相关系数为负，是真相关。②合并真相关指标。合并时高层次指标和综合指标优先保留；同一层次的指标比较其平均相关系数，平均相关系数大者优先保留。选出的独立指标和主成分性分析第二步筛掉的指标共同构成描述各功能集的指标。经上述主成分性分析和独立性分析选出的描述各功能集的指标，既包含丰富的信息，指标间的重受性也较小。此时各功能集内部指标间是独立的，但和其他功能集的指标不一定是独立的。为满足指标的独立性要求，计算选出指标的相关系数，建立相关系数矩阵。继续进行独立性分析，最后得到满足要求的指标体系。

3. 指标值的量化及其标准化

（1）定性指标的量化。指标按其性质可分为两类：一是定量指标，可根据基础统计数据或计算出指标值；另一类是定性指标，这类指标较难量化，是评价工作中克服主观因素的一大难题。为实现定性指标的定量化，通常做法是：首先给定性指标明确的定义，再根据指标定义和实际情况给指标评分。例如，大气污染程度可用大气的单位体积中总颗粒悬浮量（个数）度量，可按颗粒悬浮个数划分若干等级，对不同等级规定评分值，并作为该指标的标值。总之，对于定性指标而言，可结合具体技术参数等情况，把定性指标人为定量化。定量化的标准使各个评价方案之间具有可比性。定性指标定量化方法很多，如 Delphi 法、头脑风暴法、模糊方法、灰色方法、AHP 法等，但由于问题的复杂性，至今仍没有一个彻底解决定性指标定量化的方法，在应用中常综合使用多种方法。本书中将采用模糊评判与 DEA 集成的方法定量化定性指标。

（2）指标值的标准化。由于指标的含义不同，指标值的计算方法也不同，造成各个指标的量纲各异。因此，即使各个指标都定量化了，也不够直接进行计算。必须先对指标进行标准化处理。

对构成的矩阵 $\boldsymbol{V} = (v_{ij})_{m \times (n+1)}$ 中的确定值部分，采用比例转化法进行规范化。对收益类指标，规范化公式为：

$$a_{ij} = \frac{v_{ij} - v_i^{min}}{v_i^{max} - v_i^{min}} \qquad (9-4)$$

对成本类指标，规范化公式为：

$$a_{ij} = \frac{v_i^{max} - v_{ij}}{v_i^{max} - v_i^{min}} \qquad (9-5)$$

式中：$v_i^{max} = \max \{ v_{i1}, \ v_{i2}, \ \cdots, \ v_{i(n+1)} \}$；$v_i^{min} = \min \{ v_{i1}, \ v_{i2}, \ \cdots, \ v_{i(n+1)} \}$。

4. 指标权重的确定

指标权重的合理与否，在很大程度上影响综合评价的正确性和科学性。到目前为止，在实践中常用的方法仍是依据研究者的实践经验和主观判断来确定权重，其准确性无法检验，通常带有研究者的主观随意性。用 Delphi 法确定权重，是上述方法的改进，但权重分配的难度和工作量（反复次数）随指标数量的增多而增大，甚至难以获得满意的结果。近年来，采用层次分析法确定权重越来越受到研究人员的重视并在许多方面得到应用，尽管这种方法仍难以完全避免主观随意性，但这种多层次分别赋权法可避免大量指标同时赋权的混乱和失误，从而提高预测和评价的简便性和准确性。

多目标决策问题中的指标权重反映各个指标的重要程度，ISESDS 评价属于多目标决策问题，各指标的权重应反映其对系统可持续发展的重要程度。鉴于目前对此类问题尚无更有效的赋权方法，本书功能层和截面层采用层次分析法确定各指标权重，对于指标层因采用 DEA 方法不需要确定权重。

另外，不同地区的钢铁企业，由于其自然条件或社会、经济发展水平的不同，指标的权重可以根据企业自身情况进行调整。例如，在贫困地区，经济指标的权重可能要高一些；而在发达地区，人民的物质生活水平已相对较高，人们强烈追求的是清洁、舒适的工作和生活环境，因而资源、环境指标的权重可能要高一些。因此，在某个钢铁企业根据各年度数据分析自身的可持续发展能力时，指标权重的确定，要充分考虑企业所处地区的特点。

（二） ISESDS 的评价方法

1. 模糊 AHP 综合评价方法

模糊综合评价①②③是借助模糊数学的一些概念，对实际的综合评价问题提供一些评价的方法。具体地说，模糊综合评价就是以模糊数学为基础，应用模糊关系合成的原理，将一些边界不清、不易定量的因素定量化，从多个因素对被评价事物隶属等级状况进行综合性评价的一种方法。综合评判对评判对象的全体，根据所给的条件，给每个对象赋予一个非负实数 —— 评判指标，再据此排序优化。

模糊综合评判作为模糊数学的一种具体应用方法，最早是由我国学者汪培庄④⑤提出的。它主要分为两步：第一步先按每个因素单独评判；第二步再按所有因素综合评判。其优点是：数学模型简单，容易掌握，对多因素、多层次的复杂问题评判效果比较好，是别的数学分支和模型难以代替的方法。模糊综合评价方法的特点在于：评判逐对进行，对被评对象有唯一的评价值，不受评价对象所处对象集合的影响。这种模型应用广泛，在许多方面，采用模糊综合评判的实用模型取得了很好的经济效益和社会效益。

模糊综合评价模型⑥⑦的建立包括以下几个步骤。

---

① 卢颖，赵冰梅．模糊综合评价法在企业综合竞争力评估中应用 ［J］．辽宁工程技术大学学报，2007 （4）．

② 张震，于天彪，梁宝珠，王宛山．基于层次分析法与模糊综合评价的供应商评价研究 ［J］．东北大学学报（自然科学版），2006 （10）．

③ 胡国忠，王宏图，贾剑青，等．基于模糊综合评价的区域优势矿种的确定 ［J］．矿业研究与开发，2005 （6）．

④ 汪培庄．模糊集合论及其应用 ［M］．上海：上海科技出版社，1983．

⑤ 汪培庄，韩立岩．应用模糊数学 ［M］．北京：首都经济贸易大学出版社，1998．

⑥ Zadeh L A. *Fuzzy Sets*, *Information and Control* ［J］. Information & Control, 1965, 8 （3）: 338 – 353.

⑦ Dubois D, Prade H. *Fuzzy Sets and Systems*: *Theory and Applications* ［M］. New York: Academic Press, 1980.

（1）确定评价因素、评价等级。设 $U = \{u_1, u_2, \cdots, u_m\}$ 为刻画被评价对象的 m 种因素（即评价指标）；$V = \{v_1, v_2, \cdots, v_n\}$ 为刻画每一因素所处的状态的 n 种决断（即评价等级）。这里，m 为评价因素的个数，n 为评语的个数。

（2）构造评判矩阵和确定权重。首先对着眼因素集中的单因素 $u_i(i = 1, 2, \cdots, m)$ 作单因素评判，从因素 u_i 着眼该事物对抉择等级 $v_i(i = 1, 2, \cdots, n)$ 的隶属度为 r_{ij}，这样就得出第 i 个因素 u_i 的单因素评判集：

$$r_i = (r_{i1}, r_{i2}, \cdots, r_{in}) \tag{9-6}$$

这样，m 个着眼因素的评价集就构造出一个总的评价矩阵 $\boldsymbol{R}$。即每一个被评价对象确定了从 U 到 V 的模糊关系 $\boldsymbol{R}$，它是一个矩阵：

$$\boldsymbol{R} = (r_{ij})_{m \times n} = \begin{bmatrix} r_{11} & r_{12} & \cdots & r_{1n} \\ r_{21} & r_{22} & \cdots & r_{2n} \\ & & \vdots & \\ r_{m1} & r_{m2} & \cdots & r_{mn} \end{bmatrix}, \quad (i = 1, 2, \cdots, m; j = 1, 2, \cdots, n)$$

$$\tag{9-7}$$

其中，r_{ij} 表示从因素 u_i 着眼，该评判对象能被评为 v_j 的隶属度。具体地说，r_{ij} 表示第 i 个因素 u_i 在第 j 个评语 v_j 上的频率分布，一般将其归一化使之满足 $\sum r_{ij} = 1$。这样，$\boldsymbol{R}$ 阵本身就是没有量纲的，不需要作专门处理。

一般来说，用等级比重确定隶属矩阵的方法，可以满足模糊综合评判的要求。用等级比重法确定隶属度时，为了保证可靠性，一般要注意两个问题：第一，评价者人数不能太少，因为只有这样，等级比重才趋于隶属度；第二，评价者必须对被评价事物有相当的了解，特别是一些涉及专业方面的评价，更应如此。

得到这样的模糊关系矩阵，尚不足以对事物作出评价。评价因素中的各个因素在"评价目标"中有不同的地位和作用，即各评价对象在综合评价中占有不同的比重。拟引入 U 上的一个模糊子集 A，称权重或权数分配集，$A = (a_1, a_2, \cdots, a_m)$。其中，$a_i > 0$，且 $\sum a_i = 1$。它反映对诸因素的一种权衡。

权数乃是表征因素相对重要性大小的量度值。所以，在评价问题中，赋权数是极其重要的。常见的评价问题中的赋权数，一般多凭经验主观臆测，富有浓厚的主观色彩。在某些情况下，主观确定权数尚有客观的一面，在一定程度上反映了实际情况，评价的结果则有较高的参考价值；但是主观判断权数有时严重地扭曲了客观实际，使评价的结果严重失真而有可能导致决策者的错误判断。在某些情况下，确定权数可以利用数学的方法①，尽管数学方法掺杂有主观性，但因数学方法严格的逻辑性，而且可以对确定的"权数"进行"滤波"和"修复"处理，以尽量剔除主观成分，符合客观现实。

这样，在这里存在两种模糊集，以主观赋权为例，一类是标志因素集 U 中各元素在人们心目中的重要程度的量，表现为因素集 U 上的模糊权重向量 $A = (a_1, a_2, \cdots, a_m)$；另一关是 $U \times V$ 上的模糊关系，表现为 $m \times n$ 模糊矩阵 R。这两类模糊集都是人们价值观念或偏好结构的反映。

（3）进行模糊合成及作出决策。R 中不同的行反映了某个被评价事物从不同的单因素来看对各等级模糊子集的隶属程度。用模糊权向量 A 将不同的行进行综合，就可得到该被评事物从总体上来看对各等级模糊子集的隶属程度，即模糊综合评价结果向量。

引入 V 上的一个模糊子集 B，称模糊评价，又称决策集。$B = (b_1, b_2, \cdots, b_n)$。

如何由 R 与 A 求 B 呢？通常，令 $B = A * R$（$*$ 为算子符号），称为模糊变换。

这个模型看起来很简单，但实际上较复杂。对于不同的模糊算子，就有不同的评价模型。

A 称输入，B 称输出。如果评判结果 $\sum b_j \neq 1$，应将它归一化。

b_j 表示被评价对象具有评语 v_j 的程度。各个评判指标，具体反映了评

---

① 诸克军，张新兰，肖荔勤. Fuzzy AHP 方法及应用 [J]. 系统工程理论与实践，1997，17（12）.

判对象在所评判的特征方面的分布状态，使评判者对评判对象有更深入的了解，并能作各种灵活的处理。如果要选择一个决策，则可选择最大的 b_j 所对应的等级 v_j 作为综合评判结果。

B 是对每个被评判对象综合状况分等级的程度描述，不能直接用于被评判对象间的排序评优，必须要更进一步地分析处理，待分析处理之后才能应用。通常可以采用最大隶属度法则对其处理，得到最终评判结果。此时，我们只利用了 $b_j = (j = 1, 2, \cdots, n)$ 中的最大者，没有充分利用 B 所带来的信息。为了充分利用 B 所带来的信息，可把各种等级的评级参数和评判结果 B 进行综合考虑，使得评判结果更加符合实际。

设相对于各等级 v_j 规定的参数列向量为 $C = (c_1, c_2, \cdots, c_n)^T$，则得出等级参数评判结果为：$B * C = p$。

p 是一个实数。它反映了由等级模糊子集 B 和等级参数向量 C 所带来的综合信息，在许多实际应用中，P 是十分有用的综合参数。

模糊评判法是利用模糊集理论进行评价的一种方法。具体来说，该方法是应用模糊关系合成的原理，从多个因素对被评判事物隶属等级状况进行综合性评判的一种方法。模糊评判法不仅可对评价对象按综合分值的大小进行评价和排序，而且还可根据模糊评价集上的值按最大隶属度原则去评定对象所属的等级。这就克服了传统数学方法结果单一性的缺陷，结果包含的信息量丰富。这种方法简易可行，在一些用传统观点看来无法进行数量分析的问题上，显示了其应用前景，很好地解决了判断的模糊性和不确定性问题。由于模糊的方法更接近于东方人的思维习惯和描述方法，因此，它更适应于对社会经济系统问题进行评价。此方法虽然利用了模糊数学理论，但并不高深，也不复杂，容易为人们所掌握和使用。

模糊综合评判的优点是可对涉及模糊因素的对象系统进行综合评价。模糊综合评判作为较常用的一种模糊数学方法，广泛地应用于经济管理等领域；然而，随着综合评价在经济、社会等大系统中的不断应用，由于问题层次结构的复杂性、多因素性、不确定性、信息的不充分，以及人类思维的模糊性等矛盾的涌现，使得人们很难客观地作出评价和决策。模糊综合评判方法的不足之处是，它并不能解决评价指标间相关造成的评价信息重复问题，隶属函数的确定还没有系统的方法，而且合成的算法也有待进一步探讨。其评价过程大量应用了人的主观判断，由于各因素权重的确定带有一定的主观性，因此，总的来说，模糊综合评判是一种基于主观信息的综合评价方法。实践证明，综合评价结果的可靠性和准确性依赖于合理选取因素、因素的权重分配和给定评价的合成算子等。所以，无论如何，都必须根据具体综合评价问题的目的、要求及其特点，从中选出合适的评价模型和算法，使所作的评价更加客观、科学和有针对性。

对一些复杂系统，需要考虑的因素有很多，这时会出现两方面的问题：一方面是因素过多，对它们的权数分配难以确定；另一方面，即使确定了权数分配，由于需要归一化条件，每个因素的权值都很小，再经过算法综合评判，常会出现没有价值的结果。针对这种情况，我们需要采用多级（层次）模糊综合评判的方法。按照因素或指标的情况，将其分为若干层次，先进行低层次各因素的综合评价，对其评价结果再进行高一层次的综合评价。每一层次的单因素评价都是低一层次的多因素综合评价，如此从低层向高层逐层进行。另外，为了从不同的角度考虑问题，还可以先把参加评判的人员分类。按模糊综合评判法的步骤，给出每类评判人员对被评价对象的模糊统计矩阵，计算每类评判人员对被评价者的评判结果，通过"二次加权"来考虑不同角度评委的影响。

企业只有明晰自身可持续发展能力、了解自身发展的优势和劣势，才能走向可持续发展之路。社会、政府等部门对企业的可持续发展状况有清晰的认识，政府在制定有关政策时才能有据可依。因此，对企业可持续发展进行评价具有重要的现实意义。企业可持续发展评价从广义上涉及两个范畴：一是企业可持续发展状态评价；二是企业可持续发展能力评价。本书着重研究企业可持续发展能力。

对企业可持续发展能力作评价，首先，基于企业可持续发展能力框架体系设立了企业可持续发展能力评价指标体系，并运用 AHP 法、DEA 法及模糊综合评价方法对指标进行权重确定、无量纲化处理及综合评价；其次，利用评价结果对企业可持续发展能力进行评价，包括横向评价和纵向评价，借助于评价结果分别分析得出企业发展的地位及优劣势和企业的发展"瓶颈"；最后，基于上述分析结果，使企业得以明确自身的可持续发展水平以及与其他企业的差距，针对企业优势与劣势及发展"瓶颈"简要提出提高企业可持续发展能力的调控手段。

2. 数据包络分析法（DEA）

数据包络分析法是对不同项目或企业投入、产出进行有效性评价的数学方法，是美国著名运筹学家 A. Charnes、W. W. Cooper 和 E. Rhodes（C^2R）首先以相对效率概念为基础发展起来的一种效率评价方法，它以 Pareto 优化经济概念为基础，以多目标规划理论为工具，解决了多投入、多产出的"部门"或"单位"间的相对有效性定量化客观评价问题。自 1978 年第一个 DEA 模型——C^2R[1] 模型发表后，相关新的模型和理论成果不断出现，在许多领域中都得到了广泛的应用。之后 20 余年来，已有数以千计的关于 DEA 研究的论文出现，某些运筹学或经济学的重要刊物，如 *Annals of Operational Research*，*European Journal of Operational Research*，*Journal of Productivity Analysis*，*Journal of Econometric* 等都出版了 DEA 研究特刊。国内进行 DEA 研究始于 1986 年，并于 1988 年由中国人民大学的魏权龄先生出版了第一本 DEA 专著。

随着 DEA 模型研究的深入，在 C^2R 模型基础上，出现了很多 DEA 模型：在考虑规模收益的条件下，Bank 等[2]、Fare. R 和 Grosskopf[3]、Seiford 和 Thrall[4] 分别给出了综合的 DEA 模型——BC^2 模型、FG 模型、ST 模型。

---

① Charnes A，Cooper W W，Rhodes E. *Measuring the Efficiency of Decision Making Units*［J］. *European Journal of Operational Research*，1978，2（6）：429 – 444.

② Banker R D，Charnes A，Cooper W W. *Some Models for Estimating Technical and Scale Inefficiencies in Data Envelopment Analysis*［J］. *Management Science*，1984，30（9）：1078 – 1092.

③ Fare R，Grosskopf S. *A Nonparametric Cost Approach to Scale Efficiency*［J］. *Journal of Economics*，1985（87）：491 – 510.

④ Seiford L M，Thrall R M. *Recent Development in DEA*，*The Mathematical Programming Approach to Frontier Analysis*［J］. *Journal of Economics*，1990（46）：7 – 38.

Charnes 和 Cooper 为了处理含有不同目标的正负偏差变量引入非 Archimedes 无穷小量 ε 在计算上带来的不便，引入了加法模型和 log 型模型①。具有无穷多个 DMU 的半无限规划的 C^2W 模型。考虑决策单元中指标权系数的限制，体现决策者的偏好，Charnes 等②提出了具有"偏好锥"和"偏袒锥"的 C^2WH 模型。具有非期望输出的 DEA 模型。在一般生产过程中，人们总是期望产出越多、投入越少越好，但由于在生产中不可避免地会产生一些废物，它和期望输入、输出恰好相反。Lawrence、Seiford 和 Joe Zhu③④ 以及 Färe、Grosskopf⑤ 对这类问题进行了探讨，提出了三种方法进行处理：把非期望输出看作输入；利用倒数关系进行转换；利用负数变换进行变化。此外，还有随机 DEA 模型、模糊 DEA 模型、具有多个独立子系统的 DEA 模型、赋予权重加法的 DEA 模型、逆 DEA 模型等。

DEA 法的一个直接和重要的应用就是根据输入、输出数据对同类型部门、单位（决策单元）进行相对效率与效益方面的评价。其特点是完全基于指标数据的客观信息进行评价，剔除了人为因素带来的误差。一般来说，利用 DEA 法进行效率评价，可以获得以下一些管理信息：设计出科学的效率评价指标体系，确定各决策单元的 DEA 有效性，为宏观决策提供参考；分析各决策单元的有效性对各输入、输出指标的依赖情况，了解其在输入、输出方面的优势和劣势。其优点是可以评价多输入、多输出的大系统，并可用窗口技术找出单元薄弱环节加以改进；缺点是只表明评价单元的相对发展指标，无法表示出实际发展水平。

---

① Charnes A, Cooper W W, Seiford L M. et al. *A Multiplicative Model for Efficiency Analysis* [J]. *Socio Economic Planning Science*, 1982（16）：223 – 224.

② Charnes A, Cooper W W, Wei Q L, et al. *Cone Ratio Data Envelopment Analysis and Multi Objective Programming* [J]. *International Journal of System Science*, 1989, 20（7）：1099 – 1118.

③ Lawrence M, Seiford, Joe Zhu. *Modeling Undesirable Factors in Efficiency Evaluation* [J]. *European Journal of Operational Research*, 2002（142）：16 – 20.

④ Lawrence M, Seiford, Joe Zhu. *A Response to Comments on Modeling Undesirable Factorsin Efficiency Evaluation* [J]. *European Journal of Operational Research*, 2005（161）：579 – 581.

⑤ Färe R, Grosskopf S, et al. *Effects on Relative Efficiency in Electric Power Generation Due Toenvironmental Controls* [J]. *Resource and Energy*, 1986（8）：167 – 187.

　　DEA 法不需要预先给出权重是其一个优点，但有时也成为其一个缺点。就 DEA 模型本身的特点而言，各输入、输出向量对应的权重是通过相对效率指数进行优化来决定的，这一方面有利于我们处理那些输入、输出之间权重信息不清楚的问题；另一方面也有利于我们排除对权重施加某些主观随意性。但是在实际中确实也存在下面的情况：人们对输入、输出之间的权重信息要有一定的了解；根据实际需要，要对权重施以一定的约束；单纯的 DEA 模型得到的权重缺乏合理性和可操作性，因此需要修正。DEA 方法存在的一个最致命缺陷是，由于各个决策单元是从最有利于自己的角度分别求权重的，导致这些权重随 DMU 的不同而不同，从而使得每个决策单元的特性缺乏可比性，得出的结果可能不符合客观实际。

　　要考虑输入、输出指标体系的多样性。由于 DEA 方法的核心工作是"评价"，因此，很难讲对某个评价目的。指标体系的确定是唯一的，特别是我们一般希望各 DMU 在 DEA 分析中的有效性有显著差别，或者希望能观察到哪些指标对 DMU 有效性有显著影响。为了能做到这些，一种常用的方法就是我们可以在实现评价目的的大前提下，设计多个输入、输出指标体系，在对各体系进行 DEA 分析后，将分析结果放在一起进行分析比较。还有就是，如果将较多的 DMU 放在一起时，反映不够充分，但如果将其按一定特性分成几个子集，则每个子集内的 DMU 均能较好地体现出"同类型"，这样可以分别对这几个子集分别进行 DMU 分析，再将分析结果或独立地或综合地进行再分析，这样做往往能够得到一些新的有用信息。此外，在输入、输出指标体系的建立过程中，采用相对性指标与绝对性指标的搭配、定性指标的"可度量性"、指标数据的可获得性、指标总量究竟多少为宜等问题也是在实际工作中会遇到并且要逐一加以解决的。

　　在社会、经济和管理领域中，常常需要对具有相同类型的部门、企业，或者同一单位不同时期的相对效率进行评价，这些部门、企业或时期称为决策单元。评价的依据是决策单元的一组投入指标数据和一组产出指标数据。投入指标是决策单元在社会、经济和管理活动中需要耗费的经济量；产出指标则是决策单元在某种投入要素组合下，表明经济活动产出成效的经济量。

指标数据是指实际观测结果。根据投入指标数据和产出指标数据评价决策单元的相对效率，即评价部门、企业或时期之间的相对有效性。

C^2R 模型是 DEA 的第一个模型，下面主要来介绍它。

设某个 DMU 在一项生产活动中的输入向量为 $\boldsymbol{x} = (x_1, x_2, \cdots, x_m)^T$，输出向量为 $\boldsymbol{y} = (y_1, y_2, \cdots, y_s)^T$。可以用 (x, y) 来表示这个 DMU 的整个生产活动。

现设有 n 个 $DMU_j(1 \leqslant j \leqslant n)$，$DMU_j$ 对应的输入、输出向量分别为：

$\boldsymbol{x}_j = (x_{1j}, x_{2j}, \cdots, x_{mj})^T > 0$，$j = 1, 2, \cdots, n$；

$\boldsymbol{y}_j = (y_{1j}, y_{2j}, \cdots, y_{sj})^T > 0$，$j = 1, 2, \cdots, n$；

而且 $x_{ij} > 0$，$y_{ij} > 0$，$i = 1, 2, \cdots, m$；$r = 1, 2, \cdots, s$。

即每个决策单元有 m 种类型的输入及 s 种类型的输出。

这里，x_{ij} 为第 j 个决策单元对第 i 种类型输入的投入量；y_{ij} 为第 j 个决策单元对第 i 种类型输出的产出量。x_{ij} 和 y_{ij} 为已知的数据，可以根据历史资料得到，即实际观测到的数据。

由于在生产过程中各种输入和输出之间的地位与作用不同，因此，要对 DMU 进行评价，须对其输入和输出进行"综合"，即把它们看作只有一个总体输入和一个总体输出的生产过程，这样就需要赋予每个输入、输出恰当的权重（见图 9-9）。

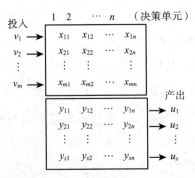

图 9-9 n 个 DMU 的输入、输出

注：v_i：对第 i 种类型输入的一种度量（权）；u_r：对第 r 种类型输出的一种度量（权）；$i = 1, 2, \cdots, m$；$r = 1, 2, \cdots, s$。

　　问题是，由于在一般情况下对输入、输出量之间的信息结构了解较少，或者它们之间的相互替代性比较复杂，也由于我们想尽量避免分析者主观意志的影响，并不事先给定输入、输出权向量：$v = (v_1, v_2, \cdots, v_m)^T$，$u = (u_1, u_2, \cdots, u_s)^T$；而是先把其看作变向量，然后在分析过程中再根据某种原则来确定它们。

　　在这里，v_i 为对第 i 种类型输入的一种度量（权）；u_r 为对第 r 种类型输出的一种度量（权）。

　　每个决策单元 DMU_j 都有相应的效率评价指数：

$$h_j = \frac{u^T y_j}{v^T x_j} = \frac{\sum_{r=1}^{j} u_r y_{rj}}{\sum_{i=1}^{m} v_i x_{ij}}, \quad j = 1, 2, \cdots, n \qquad (9-8)$$

我们总可以适当地取权系数 v 和 u，使得 $h_j \leq 1$。

　　现在对第 j_0 个决策单元进行评价。一般来说，h_{j_0} 越大，表明 DMU_{j_0} 能够用相对较少的输入而得到相对较多的输出。这样，如果要对 DMU_{j_0} 进行评价，需看 DMU_{j_0} 在这 n 个 DMU 中相对来说是不是最优的。我们可以考察当尽可能地变化权重时，h_{j_0} 的最大值究竟是多少。以第 j_0 个决策单元的效率指数为目标，以所有决策单元（含第 j_0 个决策单元）的效率指数为约束，构造以下 C^2R 的模型：

$$C^2R \begin{cases} \max h_{j_0} = \dfrac{\sum_{r=1}^{j} u_r y_{rj_0}}{\sum_{i=1}^{m} v_i x_{ij_0}} \\[4mm] s.t. \ \dfrac{\sum_{r=1}^{j} u_r y_{rj}}{\sum_{i=1}^{m} v_i x_{ij}} \leq 1, \ j = 1, 2, \cdots, n \\[4mm] v = (v_1, v_2, \cdots, v_m)^T \geq 0 \\[2mm] u = (u_1, u_2, \cdots, u_s)^T \geq 0 \end{cases} \qquad (9-9)$$

$v \geq 0$ 表示对于 $i = 1, 2, \cdots, m \geq 0$，$v_i \geq 0$；且至少存在某 $i_0 (1 \leq i_0 \leq$

m），$v_{i_0} > 0$。对于 $u \geq 0$ 含义相同。

式（9-9）是一个分式规划问题，使用 Charnes-Cooper 变化，即令：

$$t = \frac{1}{v^{\mathrm{T}} x_0}, \ \omega = tv, \ \mu = tu$$

可变成以下线性规划模型：

$$(\mathbf{P}) \begin{cases} \max h_{j_0} = \mu^{\mathrm{T}} y_0 \\ \text{s. t. } \omega^{\mathrm{T}} x_j - \mu^{\mathrm{T}} y_j, \ j = 1, \ 2, \ \cdots, \ n \\ \omega^{\mathrm{T}} x_0 = 1 \\ \omega \geq 0 \quad \mu \geq 0 \end{cases} \quad (9-10)$$

用线性规划的最优解来定义决策单元 j_0 的有效性。

不难看出，利用上述模型来评价决策单元 j_0 是否有效是相对于其他所有决策单元而言的。

我们注意到，可用 $\mathbf{C}^2\mathbf{R}$ 线性规划 $\mathbf{P}$ 来表达。而线性规划一个极重要的、极有效的理论是对偶理论，通过建立对偶模型更易于从理论及经济意义上作深入分析。

该线性规划的对偶规划为：

$$(\mathbf{D'}) \begin{cases} \min \theta \\ \text{s. t. } \sum_{j=1}^{n} \lambda_j x_j \leq \theta x_0 \\ \sum_{j=1}^{n} \lambda_j y_j \geq y_0 \\ \lambda_j \geq 0, \ j = 1, \ 2, \ \cdots, \ n \\ \theta \ \text{无约束} \end{cases} \quad (9-11)$$

应用线性规划对偶理论，可以通过对偶规划来判断 DMU_{j_0} 的有效性。

为了讨论及应用方便，进一步引入松弛变量 s^+ 和剩余变量 s^-，将上面的不等式约束变为等式约束，则可变为：

$$(\mathbf{D})\begin{cases}
\min\theta \\[2mm]
\text{s.t.} \displaystyle\sum_{j=1}^{n}\lambda_j x_j + s^+ = \theta x_0 \\[4mm]
\displaystyle\sum_{j=1}^{n}\lambda_j y_j - s^- = y_0 \\[4mm]
\lambda_j \geqslant 0, \ j = 1, 2, \cdots, n \\[2mm]
\theta \text{ 无约束} \\[2mm]
s^+ \geqslant 0, \ s^- \geqslant 0
\end{cases} \qquad (9-12)$$

以后直接称线性规划（**D**）为规划（**P**）的对偶规划。

下面给出几条定理与定义，目的是为以后模型的应用做准备。

定理 1：线性规则（**P**）和其对偶规划（**D**）均存在可行解，所以都存在最优值。假设它们的最优值分别为 $h_{j_0}^*$ 与 θ^*，则 $h_{j_0}^* = \theta^* \leqslant 1$。

定义 1：若线性规划（**P**）的最优值 $h_{j_0}^* = 1$，则称决策单元 DMU_{j_0} 为弱 DEA 有效。

定义 2：若线性规划（**P**）的解中存在 $\omega^* > 0$、$\mu^* > 0$，并且其最优值 $h_{j_0}^* = 1$，则称决策单元 DMU_{j_0} 为 DEA 有效（$\mathbf{C}^2\mathbf{R}$）。

弱 DEA 有效即具备了有效性的基本条件；DEA 有效则表明各项投入及各项产出都不能置之一旁，即这些投入及产出都对其有效性作了不可忽视的贡献。

定理 2：DMU_{j_0} 为弱 DEA 有效的充分必要条件是线性规划（**D**）的最优值 $\theta^* = 1$。

DMU_{j_0} 为 DEA 有效的充分必要条件是线性规划（**D**）的最优值 $\theta^* = 1$，并且对于每个最优解 λ^*，都有 $s^{*-} = 0$、$s^{*+} = 0$。

下面进一步说明 DEA 有效性的经济意义。

我们能够用 $\mathbf{C}^2\mathbf{R}$ 判定生产活动是否同时技术有效和规模有效。结论如下：

（1）$\theta^* = 1$，$s^{*-} = 0$，$s^{*+} = 0$；且此时决策单元 j_0 为 DEA 有效；决策单元 j_0 的生产活动同时为技术有效和规模有效。

（2）$\theta^* = 1$，但至少有某个输入或输出松弛变量大于零；此时，决策单元 j_0 为弱 DEA 有效；决策单元 j_0 不是同时技术有效和规模有效，即此时的经济活动不是同时技术效率最佳和规模效益最佳。

（3）$\theta^* < 1$，决策单元 j_0 不是 DEA 有效；决策单元 j_0 的生产活动既不是技术效率最佳，也不是规模效益最佳。

另外，通常还可用模型中的最优值来判别 DMU 的规模收益情况。结论如下：

（1）如果存在 $\lambda_j^* (j = 1, 2, \cdots, n)$ 使得 $\sum \lambda_j^* = 1$，则 DMU 为规模效益不变；

（2）如果不存在 $\lambda_j^* (j = 1, 2, \cdots, n)$ 使得 $\sum \lambda_j^* = 1$，则若 $\sum \lambda_j^* < 1$，那么 DMU 为规模效益递增；

（3）如果不存在 $\lambda_j^* (j = 1, 2, \cdots, n)$ 使得 $\sum \lambda_j^* = 1$，则若 $\sum \lambda_j^* > 1$，那么 DMU 为规模效益递减。

检验 DEA 有效性时，可利用线性规划，也可利用对偶线性规划。但无论哪种方法都不方便，可通过构造一个稍加变化的模型使这一检验简化。这就是具有阿基米德无穷小的模型。利用此模型可以一次性判断出决策单元是 DEA 有效，还是弱 DEA 有效，或者是非 DEA 有效。如果某个决策单元不属于 DEA 有效，一个很自然的问题就会产生：它与相应的 DEA 有效的"差距"有多大？或者说，与同类型的其他决策单元相比，需要在哪些方面作何等程度的努力，才可达到 DEA 有效？这是我们需要考虑的问题。

另外，由于实际生产过程中积极活动的多样性，或者决策者在评价活动中的作用不同，在基本模型 $\mathbf{C^2R}$ 的基础上，又发展、派生出一些新的 DEA 模型。

3. 基于数据转换的 DEA 模型

为了实现社会、经济和环境的整体优化，在生产过程中，我们只可能不断减少环境污染物质的产生，而不太可能完全避免污染物的产生。所以，评价项目的有效性时，应该考虑环境污染因素；评价项目环境效率的 DEA 有效性时，更需要考虑其对环境污染因素处理的效果。很多专家学者已进行了

考虑环境因素的企业产出效率评价研究，提出了很多可行的方法。Ali 和
Seiford[①]（1990）、盛昭瀚等[②]（1996）分别针对决策单元输出中存在不好的
因素时，提出了利用数据平移变换对不好的因素进行处理的方法；王波和张
群[③④]（2002）提出了输出的环境残余物作为决策单元的投入变量法；Gola-
ny 和 Roll[⑤]（1989）、Lawrence M. Seiford 等（2002）对输出的环境残余物采
用倒数数据转换法进行了讨论。这些经过数据处理的 DEA 模型中，重点考
虑了企业生产过程中存在环境残余物输出的情况，没有考虑环保项目输入和
输出同时存在环境因素的状况，本书针对这一问题，建立了三种同时考虑不
好的输入和输出的输入型 DEA 模型。

（1）平移数据转换的 DEA 模型。项目 DMU 的输入、输出中存在的不
好的指标和传统的 DEA 模型对这些指标的要求相反，可以把这些不好的指
标加上负号以满足 DEA 模型对输入、输出指标的要求。但是当输入、输出
指标有负值时，同样不满足 DEA 模型的要求，也不能评价 DMU 的相对有效
性，必须进一步进行数据变换，将负值变换为正值才行，这可以通过数据平
移实现。

若有 n 个决策单元 $DMU_j(j=1, 2, \cdots, n)$，不好的和好的输入指标共有
$(m+t)$ 种。其中，有 m 种必须控制的、不好的输入指标，第 $i(i=1, \cdots, m)$ 种不好的（b-bad）输入指标对第 j 个决策单元的贡献值为 $x_{ij}^b > 0$，记：
$x_j^b = (x_{1j}^b, x_{2j}^b, \cdots, x_{mj}^b)^T$；有 t 种好的（g-good）输入指标，记：$x_j^g = (x_{1j}^g, x_{2j}^g, \cdots, x_{tj}^g)^T$；不好的和好的输出指标共有 $(s+r)$ 种，不好的输出指标有
s 种，第 $l(l=1, \cdots, s)$ 种不好的输出指标对第 j 个决策单元的贡献值为

① Ali A I. Seiford, L M. *Translation Invariance in Data Envelopment Analysis* [J]. *Operations Research Letters*, 1990（9）：403 – 405.

② 盛昭瀚，朱乔，吴广谋. DEA 理论、方法与应用 [M]. 北京：科学技术出版社，1996.

③ 王波，张群. 环境约束下不同生产效率模型研究 [J]. 系统工程理论与实践，2002（1）：1 – 8.

④ 王波，张群，王飞. 考虑环境因素的企业 DEA 有效性分析 [J]. 控制与决策，2002（1）：24 – 28.

⑤ Golany B，Roll Y. *An Application Procedure for DEA* [J]. *Omega*：*The international Journal of Management Science*，1989（17）：237 – 250.

$y_{lj}^{b} > 0$，记：$y_{j}^{b} = (y_{1j}^{b}, y_{2j}^{b}, \cdots, y_{sj}^{b})^{\mathrm{T}}$；好的输出指标有 r 种，记：$y_{j}^{g} = (y_{1j}^{g}, y_{2j}^{g}, \cdots, y_{rj}^{g})^{\mathrm{T}}$。Ali 和 Seiford 证明了具备线性规划的 DEA 模型，具有线性变换不改变其前沿面的性质。Pastor[①] 证明了输入型 C^2GS^2 模型允许对产出数据作线性变换。因此，对不好的 DMU 输入、输出因素有线性变换：

$$\begin{cases} v_i = \max_{1 \leqslant j \leqslant n} \{ x_{ij}^{b} \} + c \\ w_l = \max_{1 \leqslant j \leqslant n} \{ y_{lj}^{b} \} + c \end{cases} \qquad (9-13)$$

公式（9 – 13）中，c 为任意大于零的常数，一般取 $c = 1$ 以保证公式（9 – 17）的 $\bar{x}_j^b$ 和 $\bar{y}_j^b$ 大于零。记：$v = (v_1, v_2, \cdots, v_m)^{\mathrm{T}}$，$w = (w_1, w_2, \cdots, w_s)^{\mathrm{T}}$，$\bar{x}_j^b = (\bar{x}_{1j}^b, \bar{x}_{2j}^b, \cdots, \bar{x}_{mj}^b)^{\mathrm{T}}$，$\bar{y}_j^b = (\bar{y}_{1j}^b, \bar{y}_{2j}^b, \cdots, \bar{y}_{sj}^b)^{\mathrm{T}}$，作变换：

$$\begin{cases} \bar{x}_j^b = -x_j^b + v \\ \bar{y}_j^b = -y_j^b + w \end{cases} \qquad (9-14)$$

经过式（9 – 13）、式（9 – 14）变换后，保证了 $\bar{x}_j^b > 0$，$\bar{y}_j^b > 0$，不好的数据转换成了符合 DEA 模型对输入和输出要求的数据。为了保证生产前沿面不受输入、输出数据变换的影响，DEA 模型应有凸约束 $\sum_{j=1}^{n} \lambda_j = 1$，这样经过数据平移变换后的 DEA（$C^2GS^2$）模型为：

$$(\mathrm{P}_1) \begin{cases} \min \alpha = V_1 \\ \sum_{j=1}^{n} \lambda_j x_j^g \leqslant \alpha x_0^g \\ \sum_{j=1}^{n} \lambda_j \bar{x}_j^b \leqslant \alpha \bar{x}_0^b \\ \sum_{j=1}^{n} \lambda_j y_j^g \geqslant y_0^g \\ \sum_{j=1}^{n} \lambda_j \bar{y}_j^b \geqslant \bar{y}_0^b \\ \sum_{j=1}^{n} \lambda_j = 1 \\ \lambda_j \geqslant 0, \ j = 1, 2, \cdots, n \end{cases} \qquad (9-15)$$

① Pastor J. *Translation Invariance in Data Envelopment Analysis: A Generalization* [J]. *Annals of Operations Research*, 1996 (66): 93 – 102.

模型（P_1）的经济意义是好的产出和不好的产出在保持不变时，尽可能减少好的输入（投资等），尽可能增加不好的输入（需处理的环境指标），这时的 DMU 相对有效；也就是以少的投入获得好的环境处理效果。

（2）不好的输入和输出换位的 DEA 模型。C^2GS^2 模型中输入的数值小、输出的数值大时，相应的 DMU 有 DEA 效率；而不好的输入、不好的输出和 C^2GS^2 模型对输入、输出指标的要求恰好相反。当不好的输入大、不好的输出小时，环保项目有 DEA 效率。为了能够把不好的输入、输出包含在 C^2GS^2 模型中，可以将不好的输出因素作为输入，将不好的输入因素作为输出进行数据转换，以使得不好的输入因素、不好的输出因素满足 C^2GS^2 模型对输入、输出指标的要求。建立的模型为：

$$(P_2)\begin{cases} \min\eta = V_2 \\ \sum_{j=1}^{n}\lambda_j x_j^g \leqslant \eta x_0^g \\ \sum_{j=1}^{n}\lambda_j y_j^b \leqslant \eta y_0^b \\ \sum_{j=1}^{n}\lambda_j y_j^g \geqslant y_0^g \\ \sum_{j=1}^{n}\lambda_j x_j^b \geqslant x_0^b \\ \sum_{j=1}^{n}\lambda_j = 1 \\ \lambda_j \geqslant 0,\ j = 1,\ 2,\ \cdots,\ n \end{cases} \tag{9-16}$$

下面证明模型（P_2）和模型（P_1）DEA 有效性是等价的。

首先构造多目标规划：

$$(VP_1)\begin{cases} V - \min[f_1(x^g,\ \bar{x}^b,\ y^g,\ \bar{y}^b),\ \cdots,\ f_{t+m+r+s}(x^g,\ \bar{x}^b,\ y^g,\ \bar{y}^b)] \\ (x^g,\ \bar{x}^b,\ y^g,\ \bar{y}^b) \in T \end{cases}$$

其中，

$$f_k(x^g,\ \bar{x}^b,\ y^g,\ \bar{y}^b) = \begin{cases} x_k^g,\ 1 \leqslant k \leqslant t \\ \bar{x}_{k-t}^b = v_{k-t} - x_{k-t}^b,\ t+1 \leqslant k \leqslant t+m \\ -y_{k-t-m}^g,\ t+m+1 \leqslant k \leqslant t+m+r \\ -\bar{y}_{k-t-m-r}^b = -(w_{k-t-m-r} - y_{k-t-m-r}^b),\ t+m+r+1 \leqslant k \leqslant t+m+r+s; \end{cases}$$

$$T = \left\{(x^g,\ \bar{x}^b,\ y^g,\ \bar{y}^b) \mid \sum_{j=1}^n \lambda_j x_j^g \leqslant x^g,\ \sum_{j=1}^n \lambda_j \bar{x}_j^b \leqslant \bar{x}^b,\ \sum_{j=1}^n \lambda_j y_j^g \geqslant y^g,\ \sum_{j=1}^n \lambda_j \bar{y}_j^b \geqslant \bar{y}^b,\right.$$

$$\left.\sum_{j=1}^n \lambda = 1,\ \lambda_j \geqslant 0\right\};$$

$$x^g = (x_1^g,\ x_2^g,\ \cdots,\ x_t^g)^{\mathrm{T}},\ \bar{x}^b = (\bar{x}_1^b,\ \bar{x}_2^b,\ \cdots,\ \bar{x}_m^b)^{\mathrm{T}} = (v_1 - x_1^b,\ v_2 - x_2^b,\ \cdots,$$

$$v_m - x_m^b)^{\mathrm{T}};$$

$$y^g = (y_1^g,\ y_2^g,\ \cdots,\ y_r^g)^{\mathrm{T}},\ \bar{y}^b = (\bar{y}_1^b,\ \bar{y}_2^b,\ \cdots,\ \bar{y}_s^b)^{\mathrm{T}} = (w_1 - y_1^b,\ w_2 - y_2^b,\ \cdots,$$

$$w_s - y_s^b)^{\mathrm{T}}\,。$$

对不好的输入：

$$\sum_{j=1}^n \lambda_j \bar{x}_j^b = \sum_{j=1}^n \lambda_j(-x_j^b + v) = -\sum_{j=1}^n \lambda_j x_j^b + v\sum_{j=1}^n \lambda_j = -\sum_{j=1}^n \lambda_j x_j^b + v \leqslant \bar{x}^b$$

$$= -x^b + v \Leftrightarrow \sum_{j=1}^n \lambda_j x_j^b \geqslant x^b$$

对不好的输出：

$$\sum_{j=1}^n \lambda_j \bar{y}_j^b = \sum_{j=1}^n \lambda_j(-y_j^b + w) = -\sum_{j=1}^n \lambda_j \bar{y}_j^b + w\sum_{j=1}^n \lambda_j = -\sum_{j=1}^n \lambda_j y_j^b + w \geqslant \bar{y}^b$$

$$= -y^b + w \Leftrightarrow \sum_{j=1}^n \lambda_j y_j^b \leqslant y^b$$

又：
$$\min(v_k - x_k^b) \Leftrightarrow \min(-x_k^b)$$
$$\min -(w_{k-t-m-r} - y_{k-t-m-r}^b) \Leftrightarrow \min y_{k-t-m-r}^b$$

所以（VP$_1$）的 Pareto 解也是多目标规划（VP$_2$）的 Pareto 解，多目标规划（VP$_2$）形式为：

$$(\mathrm{VP_2}) \begin{cases} V - \min[f_1(x^g,\ x^b,\ y^g,\ y^b),\ \cdots,\ f_{t+m+r+s}(x^g,\ x^b,\ y^g,\ y^b)] \\ (x^g,\ x^b,\ y^g,\ y^b) \in T \end{cases}$$

其中，

$$f_k(x^g,\ x^b,\ y^g,\ y^b) = \begin{cases} x_k^g,\ 1 \leqslant k \leqslant t \\ -x_{k-t}^b,\ t+1 \leqslant k \leqslant t+m \\ -y_{k-t-m}^g,\ t+m+1 \leqslant k \leqslant t+m+r \\ y_{k-t-m-r}^b,\ t+m+r+1 \leqslant k \leqslant t+m+r+s; \end{cases}$$

$$T = \left\{ (x^g,\ x^b,\ y^g,\ y^b) \mid \sum_{j=1}^{n} \lambda_j x_j^g \leqslant x^g,\ \sum_{j=1}^{n} \lambda_j x_j^b \geqslant x^b,\ \sum_{j=1}^{n} \lambda_j y_j^g \geqslant y^g, \right.$$

$$\left. \sum_{j=1}^{n} \lambda_j y_j^b \leqslant y^b,\ \sum_{j=1}^{n} \lambda = 1,\ \lambda_j \geqslant 0 \right\};$$

$$x^g = (x_1^g,\ x_2^g,\ \cdots,\ x_t^g)^{\mathrm{T}},\ x^b = (x_1^b,\ x_2^b,\ \cdots,\ x_m^b)^{\mathrm{T}};$$

$$y^g = (y_1^g,\ y_2^g,\ \cdots,\ y_r^g)^{\mathrm{T}},\ y^b = (y_1^b,\ y_2^b,\ \cdots,\ y_s^b)^{\mathrm{T}}。$$

魏权龄、盛昭瀚都已经证明了 DMU 的 DEA 有效性与对应的多目标规划 Pareto 最优是完全等价的，现又证明了两个多目标规划（VP_1）和（VP_2）的 Pareto 解相同，故模型（P_2）和模型（P_1）的 DEA 有效性等价，证毕。

（3）用倒数转换数据的 DEA 模型。利用倒数也可以将不符合 DEA 要求的数据转化成符合 DEA 要求的数据，进行数据转换公式为：

$$\begin{cases} \bar{x}_{ij}^b = \dfrac{1}{x_{ij}^b}(i=1,\ \cdots,\ m;\ j=1,\ \cdots,\ n) \\ \\ \bar{y}_{lj}^b = \dfrac{1}{y_{lj}^b}(l=1,\ \cdots,\ s;\ j=1,\ \cdots,\ n) \end{cases} \quad (9-17)$$

经过公式（9-17）的数据变换，新的输入、输出指标都符合了 DEA 对决策单元的要求，相应的 $\mathrm{C}^2\mathrm{GS}^2$ 模型为：

$$(\mathrm{P}_3)\begin{cases} \min\beta = V_3 \\ \sum_{j=1}^{n} \lambda_j x_j^g \leqslant \beta x_0^g \\ \sum_{j=1}^{n} \lambda_j \bar{x}_j^b \leqslant \beta \bar{x}_0^b \\ \sum_{j=1}^{n} \lambda_j y_j^g \geqslant y_0^g \\ \sum_{j=1}^{n} \lambda_j \bar{y}_j^b \geqslant \bar{y}_0^b \\ \sum_{j=1}^{n} \lambda_j = 1 \\ \lambda_j \geqslant 0,\ j = 1,\ 2,\ \cdots,\ n \end{cases} \quad (9-18)$$

模型（P_3）采用的数据变换方法，相当于生产可能集在原来的基础上进行了对称旋转，该旋转对决策单元生产前沿面是没有影响的，即对 DMU 有效性也是没有影响的。

4. 建立基于模糊评判的 DEA 综合评价模型

在 DEA 的应用过程中，最关键的步骤就是输入、输出指标体系的确定和各决策单元在相应指标体系下的输入、输出数据的搜集与获得。目前，已有的 DEA 模型由于所涉及的指标体系是确定的、所涉及的投入产出数据是确定已知的，所以目前的模型都是确定型的。然而，许多领域的评价和决策问题都存在大量的不确定性，对于这些领域中的决策问题，确定型的 DEA 模型就存在缺陷和不足。因此，有必要研究和建立能够处理含有不确定性因素的评价与决策问题的 DEA 模型。

模糊综合评判方法在许多领域里得到应用，现已成为一种重要的系统评价方法。但在具体应用过程中，模糊综合评判方法仅能告诉各决策方案的好坏程度，却无法找出较差方案无效的原因。特别是在模糊综合评判过程中，各因素的权重分配主要靠人的主观判断；而当因素较多时，权数往往难以恰当分配。我们将模糊集合论与数据包络分析方法相结合，提出了一种基于模糊综合评判的 DEA 评价方法，并结合其在钢铁企业"厂区大气环境质量"评价中的应用进行了讨论。

（1）两种评价方法集成思想的提出。对于一个复杂的系统而言，由于牵涉的因素多，而且这些因素的关系也很难用经典数学语言来描述，所以往往只能用软评价方法进行评价。软评价方法就是以评委作为信息的来源，由评委对评价对象的各种因素依据评价标准作出评价。

模糊综合评判方法是典型的软评价方法之一。应用它，必须事先确定权重。而当因素较多时，给出权重的大小往往是一件困难的事。另外，模糊综合评判方法仅从被评价单元自身的角度进行评价，而事实上各评价单元是相关的。如果充分依据同类单元间的这种联系，不仅可以发现被评价单元在同类单元中的相对有效性，而且还能根据同类单元提供的信息发现被评价单元的弱点，提出较差单元进一步改进的策略和办法。

DEA 方法则可以克服上述不足。DEA 评价单元是否有效是相对于其他所有决策单元而言的。特别是，它把决策单元中各"输入"和"输出"的权重作为变量，通过对决策单元的实际原始数据进行计算而确定，排除了人为因素，具有很强的客观性。也就是说，该方法中各个评价对象的相对有效性是在对大量实际原始数据进行定量分析的基础上得来的，从而避免了人为主观确定权重的缺点。

基于以上分析，有必要也有可能将模糊综合评判方法和 DEA 方法进行集成。在模糊综合评判过程基础上，引入 DEA 理论，通过巧妙构造 DEA 的"输入"和"输出"指标，建立新的系统综合评价模型方法。

（2）模糊综合评判新模型方法的机理。如果一个评价对象相对于各因素的评价具有一定的模糊性，那么就需要运用模糊集合论来研究。设：

$W = \{w_1, w_2, \cdots, w_k\}$ 为评价对象集，k 为评价对象个数；

$U = \{u_1, u_2, \cdots, u_m\}$ 为评价因素集，m 为评价因素个数；

$V = \{v_1, v_2, \cdots, v_n\}$ 为评价等级集，n 为评价等级个数。

①对每一个评价对象，有模糊关系矩阵 $\boldsymbol{R}$，称为某一评价对象的评价矩阵。

$$\boldsymbol{R} = \begin{pmatrix} R_1 \\ R_2 \\ \vdots \\ R_m \end{pmatrix} = \begin{bmatrix} r_{11} & r_{12} & \cdots & r_{1n} \\ r_{21} & r_{22} & \cdots & r_{2n} \\ & & \vdots & \\ r_{m1} & r_{m2} & \cdots & r_{mn} \end{bmatrix} (i = 1, 2, \cdots, m; j = 1, 2, \cdots, n)$$

其中，r_{ij} 为 U 中因素 u_i 对应 V 中等级 v_j 的隶属关系，即从因素 u_i 着眼被评价对象能被评为 v_i 等级的隶属程度，可以通过二相模糊统计法来确定，具体来说就是评委在某个等级上划勾的人数占总评委人数的比值。

②对某个评价因素来说，则有一模糊关系矩阵 $\boldsymbol{Q}$，称为某一评价因素的评价矩阵。

$$Q = \begin{pmatrix} Q_1 \\ Q_2 \\ \vdots \\ Q_m \end{pmatrix} = \begin{bmatrix} q_{11} & q_{12} & \cdots & q_{1n} \\ q_{21} & q_{22} & \cdots & q_{2n} \\ \vdots & \vdots & \vdots & \vdots \\ q_{k1} & q_{k2} & \cdots & q_{kn} \end{bmatrix} \quad (i = 1, \ 2, \ \cdots, \ k; \ j = 1, \ 2, \ \cdots, \ n)$$

其中，q_{ij} 为 W 中对象 w_i 对应 V 中等级 v_j 的隶属关系，即从对象 w_i 着眼被评价因素能被评为 v_i 等级的隶属程度，也可以通过二相模糊统计法来确定。

模糊 DEA 方法是在 DEA 方法的基础上建立起来的。DEA 方法是根据决策单元的"输入"和"输出"实测数据来估计"有效生产前沿面"的。其中，C^2R 模型是 DEA 最早提出也是应用最为广泛的模型。以下采用此模型进行讨论。

选取需要评价的对象（针对某因素而言）或因素（针对某对象而言）作为 DEA 的决策单元，以其评价矩阵的转置矩阵作为 DEA 决策单元的"输入"和"输出"矩阵。

需要说明的是，评语的个数 n 因具体问题及其要求不同，取值也不一定。$n = 3$（如优秀、合格、不合格）；$n = 4$（如优、良、中、差）；$n = 5$（如优、良、中、及格、不及格）等。而且具体取哪些等级为 DEA 的"输入"，哪些等级为 DEA 的"输出"，评价结果也会有一些差异。

对于一个决策单元，它有 t 种类型的"输入"以及 s 种类型的"输出"。$t + s = n$，n 为评语个数（见表 9 - 2）。

表 9 - 2　　　　　　　　　　DEA 输入、输出表

决策单元		1	2	$\cdots$	l	权重
输入	1	x_{11}	x_{12}	$\cdots$	x_{1l}	v_1
	2	x_{21}	x_{22}	$\cdots$	x_{2l}	v_2
	$\cdots$	$\cdots$	$\cdots$	$\cdots$	$\cdots$	$\cdots$
	t	x_{t1}	x_{t2}	$\cdots$	x_{tl}	v_t

决策单元		1	2	⋯	l	权重
输出	1	y_{11}	y_{12}	⋯	y_{1l}	u_1
	2	y_{21}	y_{22}	⋯	y_{2l}	u_2
	⋯	⋯	⋯	⋯	⋯	⋯
	s	y_{s1}	y_{s2}	⋯	y_{sl}	u_s

其中，以评价对象为决策单元时，$l=k$；以评价因素为决策单元时，$l=m$；v_1，v_2，⋯，v_t 为 DEA 输入的"权"；u_1，u_2，⋯，u_s 为 DEA 输出的"权"。

记 $\boldsymbol{X}_j=(x_{1j}, x_{2j}, \cdots, x_{tj})^{\mathrm{T}}$，$\boldsymbol{Y}_j=(y_{1j}, y_{2j}, \cdots, y_{sj})^{\mathrm{T}}$，$j=1$，2，⋯，$l$，则可用 $(\boldsymbol{X}_j, \boldsymbol{Y}_j)$ 表示第 j 个决策单元。

对应于权系数 $\boldsymbol{V}=(v_1, v_2, \cdots, v_n)^{\mathrm{T}}$，$\boldsymbol{U}=(u_1, u_2, \cdots, u_m)^{\mathrm{T}}$，每一个决策单元都有相应的效率评价指数：$h_j=(\boldsymbol{U}^{\mathrm{T}}\boldsymbol{Y}_j)/(\boldsymbol{V}^{\mathrm{T}}\boldsymbol{X}_j)$。

我们总是可以适当地选取权系数 V 和 U，使 $h_j \leqslant 1$。

对于第 j_0 个决策单元进行效率评价，以第 j_0 个决策单元的效率指数为目标，以所有决策单元（包括第 j_0 个决策单元）的效率指数为约束，构成最优化模型。原始的 C^2R 模型是一个分式规划，当使用 Charnel – Cooper 变化时，可将分式规划为一个等价的线性规划（LP）问题。

对应于第 $j_0(1 \leqslant j_0 \leqslant l)$ 个决策单元的线性规划模型为：

$$\begin{cases} \max U^{\mathrm{T}}Y_{j_0} \\ \text{s. t. } V^{\mathrm{T}}X_j - U^{\mathrm{T}}Y_j \geqslant 0, \quad j=1, 2, \cdots, l \\ V^{\mathrm{T}}X_{j_0}=1 \\ V \geqslant 0, \quad U \geqslant 0 \end{cases}$$

用线性规划的最优解来判断决策单元 j_0 的有效性。利用上述模型评价决策单元是否有效是相对于其他所有决策单元而言的，决策单元间的相对有效性即决策单元的优劣。另外，还可以获得许多其他有用的管理信息。从这些信息中可以找出较差单元无效的原因，并能为较差单元的改进提供策略和办法。

上面讨论的是针对单因素的多对象评价和单对象的多因素评价，但是一般还要得到最终的多因素、多对象综合评价结果。

①假如要评价 k 个对象，即评价系统的决策单元有 k 个。针对某个因素而言，首先统计评委对这 k 个对象在该因素的等级比重（方法同传统的模糊综合评判）。对某个评价对象来说，可以得到一个线性规划模型，一共可以得到 k 个线性规划模型。这 k 个线性规划模型的最优目标函数值，即这 k 个评价对象在该因素上的评价结果。对 k 个对象所有因素上（假设有 m 个）分别进行计算，按被评价者将其 m 个结果相乘（加），其积（和）可作为对该对象的总的评价结果。

②对某个对象来说，即就整个评价系统的一个子系统而言：取 m 个评价因素为该子系统的决策单元，则在评委的等级比重的基础上（方法与①相同），对每个因素都将对应有一个线性规划模型，m 个因素将需解 m 个线性规划。这样求得某对象每个因素的最优目标函数值。它刻画了该对象在每个因素上的表现，从而可以发现某对象的优点和弱点。对所有对象（假设有 k 个）在 m 个因素上的表现分别进行计算，可以观察到每个对象在所有因素上的具体表现。

由此可见，这种集成评价方法，最终不仅可以观察到每个对象在所有因素的具体表现，而且可以得到每个对象在所有因素表现的总的评价结果。

（3）算例。假如要对多家钢铁企业的厂区大气环境质量进行评价。对厂区大气环境质量这个定性指标而言，要找评委（注：10 个）按很好、好、一般、差四个等级对被评价的钢铁企业（在本算例中仅选 5 家钢铁企业进行讨论）在该因素的表现作模糊评价。表 9-3 中的数据是 10 个评委在某钢铁企业在某等级上打勾的人数。现以差、一般为 DEA 的"输入"，以好、很好为 DEA 的"输出"进行讨论。

表 9 - 3   10 个评委对"厂区大气环境质量"的打勾统计

等级	企业 1	企业 2	企业 3	企业 4	企业 5	权重
差	0	0	1	1	0	q_1
一般	2	4	2	2	1	q_2
好	7	6	6	7	8	p_1
很好	1	0	1	0	1	p_2

①计算。对每一个钢铁企业（决策单元）都将得到一个线性规划模型。对企业 1 而言，有：

$$LP_1 \begin{cases} \max 7p_1 + 1p_2 \\ \text{s. t. } 2q_2 - 7p_1 - 1p_2 \geqslant 0 \\ 4q_2 - 6p_1 \geqslant 0 \\ 1q_1 + 2q_2 - 6p_1 - 1p_2 \geqslant 0 \\ 1q_1 + 2q_2 - 7p_1 \geqslant 0 \\ 1q_2 - 8p_1 - 1p_2 \geqslant 0 \\ 2q_2 = 1 \\ q_1, \ q_2, \ p_1, \ p_2 \geqslant 0 \end{cases}$$

同理可得其他四个企业对应的线性规划模型。

通过基于 Execl 平台的用 VBA 语言编写的解 DEA 模型的软件计算得出五个线性规划的最优目标函数值，结果详见表 9 - 4。

表 9 - 4   最优目标函数值计算结果

序号	DMU	分数	排名
1	DMU_1	0.5	2
2	DMU_2	0.1875	5
3	DMU_3	0.5	2
4	DMU_4	0.4375	4
5	DMU_5	1	1

其中，DMU 代表钢铁企业，分数代表最优目标函数值，这就是这 5 个钢铁企业在"厂区大气环境质量"因素上的表现。

②讨论与结论。基于模糊综合评判方法的 DEA 模型，由于应用了 DEA 的理论，直观性好，避免了人为确定权重的缺点，从而增强了模糊综合评判结果的客观性。它不仅可以考察每个对象在多个因素的表现，指出评价单元的优点和弱点，以便进行进一步改进和完善；而且它可以把一组对象作为一个整体进行关于某个因素的评价，然后进行综合。由于它把多个评价对象放在一起进行讨论计算，所以可比性很强，评价效率很高。因此，本书认为基于模糊综合评判方法的 DEA 模型是一种值得推荐的更为有效的评判方法。

需要注意的是，由于 DEA 方法本身的原因，要求每个决策单元都应有输入和输出；否则，将导致线性规划无解以致评价方法失效。解决的办法是将评价矩阵初始化，即先把评价矩阵各元素均设为 1，然后在此基础上追加原评价矩阵，产生新的评价矩阵。当然，有人可能怀疑，使用线性规划增加了原模糊综合评判的复杂程度和计算难度。其实在计算机技术十分发达的今天，矩阵运算、求解线性规划是计算机的强项，由于不像原来一个一个地对对象进行评价，而是把好多对象放在一起进行计算，所以该评判方法恰恰减少了评判的工作量，提高了评判的效率。

（4）评价指标体系确定。前文按照可持续发展的三个维度（发展度、持续度、公平度）对钢铁企业系统的六个方面（人力、资源、经济、技术、管理和环境）构建了评价钢铁企业可持续发展能力的一般指标体系，但是我们还必须根据指标数据的可得性及指标间的相关性对指标体系中的指标进行筛选。

通过多方面的途径对前文中一般指标体系中各指标的统计数据进行了搜集，只有表 9-5 中的指标数据比较完整。这些指标中，2006 年和 2007 年的数据来源于中国钢铁工业协会统计报表、《2008 年中国 500 强企业发展报告》和《2006 年中国钢铁工业环境保护统计年报》。出于对数据搜集的难度和研究时间有限的考虑，本书对中国钢铁企业可持续发展能力评价研究的实证分析仅按照表 9-5 中的数据可获得指标体系进行。这样虽然对评价的完

整性和全面性有所影响，但本书在钢铁企业可持续发展能力评价方面所做的
努力和尝试，可以为后续研究的深入打下基础，也可以为钢铁企业评估自身
的可持续发展能力提供一个实用、可操作性强的方法，以便更好地指导企业
的生产实践。

表 9－5　　　　　　　　　　　　数据可获得指标体系

功能层	截面层	指标层	功能层	截面层	指标层
发展度（S_1）	资源系统（S_{11}）	S_{111}：吨钢综合能耗	持续度（S_2）	资源系统（S_{21}）	S_{211}：吨钢可比能耗降低率
		S_{112}：吨钢耗新水			S_{212}：吨钢耗新水降低率
		S_{113}：吨钢耗电			S_{213}：吨钢耗电降低率
		S_{114}：全员劳动生产率			S_{224}：全员劳动生产率增长水平
	经济系统（S_{12}）	S_{121}：钢铁产量		经济系统（S_{22}）	S_{221}：钢铁产量增长率
		S_{122}：工业总产值			S_{222}：工业总产值增长率
		S_{123}：成本费用利润率			S_{223}：成本费用利润率增长率
		S_{124}：销售收入利润率			S_{224}：销售收入利润率增长率
		S_{125}：总资产利润率			S_{225}：总资产利润率增长率
		S_{126}：主营业务利润率			S_{226}：主营业务利润率增长率
		S_{127}：市场占有率			S_{227}：市场占有率增长率
		S_{128}：产值销售率			S_{228}：产值销售率增长率
		S_{129}：存货周转率			S_{229}：存货周转率增长率
		S_{12A}：流动比率			S_{22A}：流动比率增长率
		S_{12B}：速动比率			S_{22B}：速动比率增长率
	环境系统（S_{13}）	S_{131}：吨钢废水排放量	公平度（S_3）	经济系统（S_{31}）	S_{311}：销售成本
		S_{132}：吨钢 COD 排放量			S_{312}：管理费用
		S_{133}：吨钢废气排放量			S_{313}：销售费用
		S_{134}：吨钢烟尘排放量			S_{314}：财务费用
		S_{135}：吨钢 SO_2 排放量			S_{315}：实现利税
		S_{136}：厂区大气环境质量			S_{316}：利息支出

（5）确定功能层的指标权重。本书认为功能层的三个指标（发展度、持续度和公平度）对于钢铁企业可持续发展能力的影响是同等重要的，所以其权重都为1/3。当然，企业用自身的统计数据进行纵向的可持续发展能力评价时，可以根据企业所在地区政府的政策要求和自身的发展目标，应用层次分析法对这三个指标进行相应的修正。

（6）ISESDS 模糊评价指标的 DEA 评价。ISESDS 的模糊评价指标是指我们对钢铁企业的看法和感受，难以用经典的数学语言来描述，不像精确评价指标那样，可以用一个准确的数字来表达该指标的情况，所以，要借助模糊数学的知识来研究。在表9-5中，"厂区大气环境质量"为模糊评价指标，其他的都为精确值评价指标。精确值评价指标以通过统计报表、调研、计算来获取，而模糊评价指标的获取就比较困难，主要通过专家打分的方法获得。

参 考 文 献

[1] 陆钟武, 孟庆生. 我国钢铁工业能耗预测 [J]. 钢铁, 1997 (5): 69-74.

[2] 姚宝军. 钢铁工序能耗 [J]. 中国环境管理干部学院学报, 2010 (3): 36.

[3] 王维兴. 钢铁企业工序能耗和节能潜力 [J]. 冶金管理, 2005 (6): 32-34.

[4] 董人菘. 钢铁生产过程能耗预测与调度优化研究 [D]. 昆明: 昆明理工大学, 2014.

[5] 李培静. 钢铁企业能耗分析评价与预测 [D]. 沈阳: 东北大学, 2012.

[6] 王维兴. 我国钢铁工业能耗现状与节能潜力分析 [J]. 冶金管理, 2017 (8): 50-58.

[7] 张旭孝, 上官方钦, 姜曦, 等. 美国钢铁工业的发展及能源消耗概况 [J]. 中国冶金, 2017, 27 (11): 1-6.

[8] 黄文燕, 罗飞, 许玉格, 等. 基于模拟退火 PSO-BP 算法的钢铁生产能耗预测研究 [J]. 科学技术与工程, 2012, 12 (30): 7906-7910.

[9] 胡睿, 张群. 基于改进 BP 神经网络的钢铁企业能耗分析 [J]. 中国管理信息化, 2011, 14 (17): 129-131.

[10] 朱靖翔. 基于内存计算的钢铁价格预测算法研究 [D]. 上海: 东华大学, 2015.

[11] 谭忠良. 基于 BP 神经网络实现钢铁厂电力系统负荷预测 [C]//

全国冶金自动化信息网 2015 年会, 2015.

　　[12] 谢安国, 陆钟武. 神经网络 BP 模型在烧结工序能耗分析中的应用 [J]. 冶金能源, 1998 (5): 8 – 10.

　　[13] 吕斌, 谢安国. 层次分析法在钢铁生产能耗分析中的应用 [J]. 辽宁科技大学学报, 2001, 24 (5): 333 – 336.

　　[14] 卢鑫, 白皓, 赵立华, 等. 钢铁企业能源消耗与 CO_2 减排关系 [J]. 工程科学学报, 2012, 34 (12): 1445 – 1452.

　　[15] 黄学静, 祁卓娅, 侯觉, 等. 钢铁工业系统节能评估方法 [J]. 节能技术, 2017, 35 (3): 267 – 271.

　　[16] 张雪花, 吴天培, 程扬, 等. 基于能值的传统产业低碳绿色转型评估方法研究——以华北某钢铁厂转型效果评估为例 [C] // 中国生态经济学学会会员代表大会暨生态经济与生态城市学术研讨会会议, 2016.

　　[17] 栾天阳. 基于 LEAP 模型的吉林省钢铁工业碳减排路径研究 [D]. 长春: 吉林大学, 2017.

　　[18] 龚佑发. 钢铁企业二氧化硫排放预测模型的建立 [D]. 哈尔滨: 哈尔滨工业大学, 2017.

　　[19] 李向娜. 基于供给侧改革的中国钢铁产业转型升级研究 [D]. 北京: 中国地质大学 (北京), 2017.

　　[20] Hughes H. *Application of optical emission source developments in metallurgical analysis* [J]. *Kidney International*, 1983, 108 (1283): 151 – 169.

　　[21] Gao Z F, Long H M, Chun T J, et al. *Effect of metallurgical dust on NO emissions during coal combustion process* [J]. *Journal of Iron & Steel Research International*, 2018, 25 (1): 1 – 9.

　　[22] Lisienko V, Chesnokov J, Lapteva A, et al. *Carbon Dioxide Emissions on an Example of Metallurgical Technologies* [J]. *Advanced Methods and Technologies in Metallurgy in Russia*, 2018: 177 – 184.

　　[23] Du Z, Lin B. *Analysis of carbon emissions reduction of China's metallurgical industry* [J]. *Journal of Cleaner Production*, 2018 (176): 1177 –

1184.

[24] Hu R, Zhang C. *Discussion on Energy Conservation Strategies for Steel Industry: Based on a Chinese Firm* [J]. *Journal of Cleaner Production*, 2017 (8): 166 – 173.

[25] Wang C, Yang Y, Zhang J. *China's sectoral strategies in energy conservation and carbon mitigation* [J]. *Climate Policy*, 2015, 15 (sup1): S60 – S80.

[26] Tongpool R, Jirajariyavech A, Yuvaniyama C, et al. *Analysis of steel production in Thailand: Environmental impacts and solutions* [J]. *Energy*, 2010, 35 (10): 4192 – 4200.

[27] Price L, Worrell E, Sinton J. *Designing Energy Conservation Voluntary Agreements for the Industrial Sector in China: Experience from a Pilot Project with Two Steel Mills in Shandong Province* [J]. *Springer Netherlands*, 2005 (43): 221 – 235.

[28] Lin B, Wang X. *Promoting energy conservation in China's iron & steel sector* [J]. *Energy*, 2014, 73: 465 – 474.